Das
Aufästen der Waldbäume

oder

neue Methode der Behandlung der hochstämmigen Hölzer

vom

Vicomte de Courval.

Aus dem Französischen

von

C. J. W. Höffler,

Königl. Preußischer Oberforstmeister.

Mit 19 Figuren auf 15 Figurentafeln in Holzschnitt.

In festem Einbande.   Preis 1 Thlr.

Inhalt.

Aus dem Vorwort des Uebersetzers.

Die Zeit ist vorüber, in welcher der Wald „von selber wuchs." Er erfordert Anbau und Pflege, letzterer vor Allem, wenn es sich um die Erziehung brauchbarer und werthvoller, immer seltener werdender Nutzhölzer handelt. Hierzu giebt die Schrift des Herrn v. Courval eine auf Wissenschaft und Erfahrung begründete Anleitung, und der Werth derselben erhält dadurch eine ganz besondere Bedeutung, daß der geehrte Herr Verfasser sein Verfahren in seinen eigenen umfänglichen Waldungen während eines Zeitraums von 40 Jahren zur Anwendung gebracht hat, so daß die Resultate vor Augen liegen, gewürdigt, und daß Vergleichungen angestellt werden können. Die Schrift hat in ihrem Ursprungslande Aufsehen erregt und verdiente Anerkennung gefunden, und der Uebersetzer hat dem an ihn ergangenen Ansinnen, dieselbe dem deutschen Publikum zugänglich zu machen, um so bereitwilliger entsprochen, als die Rathschläge und Vorschriften des Herrn v. Courval auch bei uns nützliche und heilsame Anwendung finden. Denn obschon unsere Waldungen von dem im ersten Abschnitte der Schrift beschriebenen Unfuge wohl nicht betroffen worden sind, wenn auch der lange Streit über Schneideln und Stummeln der Waldungen nicht ausgetragen ist und mit dem Verlassen der seiner Zeit viel beliebten und gepriesenen Mittelwaldwirthschaft auf sich beruhet, so wird sich doch aller Orten genug Gelegenheit und Bedürfniß finden, alte Sünden gut zu machen und einem rationellen und erprobten Verfahren in der Cultur mit Art und Messer Raum zu geben.

Anbau und Pflege

derjenigen

fremdländischen

Laub- und Nadelhölzer

welche

die norddeutschen Winter erfahrungsgemäß im Freien
aushalten.

Unter besonderer Rücksichtsnahme über deren Verwendung
zu Wald- und Park-Anlagen.

Von

C. Geyer,

Königlicher Oberförster.

Mit 6 lithographirten Tafeln.

Springer-Verlag Berlin Heidelberg GmbH 1872

ISBN 978-3-662-38630-9   ISBN 978-3-662-39486-1 (eBook)
DOI 10.1007/978-3-662-39486-1

Laub- und Nadelhölzer.

Vorwort.

Die zahlreichen Einführungen fremdländischer Laub= und Nadel=
hölzer, namentlich in den letzten Decennien, waren von unverkennbar
großer Bedeutung und meistens von imposanter Schönheit; daher
war es unausbleiblich, daß für deren immer weitere Verbreitung
ein allgemeines und reges Interesse wachgerufen wurde.

Vor geraumer Zeit fand auch ich Veranlassung, der Culti=
virung dieser interessanten Fremdlinge mich zu unterziehen; besonders
dazu angeregt wurde ich durch die Ueberzeugung, daß viele dieser
eingeführten Baumarten zur Verwendung in Parkanlagen und Gärten
einen hohen ästhetischen, und einzelne wieder zur Aufnahme in unsere
Wälder, einen höchst beachtenswerthen technischen Werth unzweifel=
haft haben würden.

Wie wenig ich mich namentlich in letzterer Beziehung getäuscht
habe, bezeugt der hin und wieder auf meine Anregung bereits in
deutschen Forsten begonnene Anbau von Juniperus virginiana. L.
und Quercus rubra. L., ersterer zum Zwecke der Bleifeder=Fabri=
kation, letztere zu Schälwald=Anlagen, denen sich zuverlässig noch
manche andere Arten anschließen werden, deren gleichfalls hoher
technischer Holzwerth bereits festgestellt ist, z. B. Juglans nigra. L.,
Carya alba. Nutt., Betula nigra. L., Castanea vesca ame-
ricana. Loud. und andere mehr.

Manche Schwierigkeiten stellten sich mir anfänglich bei dem
Samenbezuge aus den so fernen Ländern entgegen, doch wurden
diese nachträglich beseitigt; auch lernte ich bald diejenigen Rücksichts=
nahmen kennen, welche die Behandlung der so sehr verschiedenen
Samenarten, wie der daraus hervorgegangenen Pflanzen erforderte,
um günstige Ergebnisse zu erzielen.

Am schwierigsten war jedoch die Ermittelung der Widerstands=
fähigkeit vieler Species gegen unsere norddeutschen Kältegrade, denn
die bisherigen Erfahrungen waren in dieser Beziehung noch meistens
ungenau und zu wenig erprobt.

Erst der enorm kalte Winter 1870/71, bis jetzt der zweit=
heftigste in diesem Jahrhundert (1829/30), brachte bezüglich der
Widerstandsfähigkeit eine endgültige Entscheidung über die Mehr=
zahl der eingeführten Pflanzen = Species.

Gleichzeitig wurde noch in dem bezeichneten Winter die sehr
interessante Beobachtung gemacht, wie außerordentlich wichtig für
einige in der Jugend zärtliche Holzarten die Auswahl eines ge=
schützten Standorts ist; es kam häufig vor, daß eine Species auf
vollkommen geschütztem Standort die enorme Kälte unversehrt über=
lebte, während dieselbe auf exponirtem Standort total verloren
ging oder doch sehr gelitten hatte.

Von der großen Menge fremdländischer Laub= und Nadelhölzer
sind nur diejenigen in diese Brochüre aufgenommen, welche die
norddeutschen Winter im Freien aushalten; ihre Zahl ist klein,
konnte aber noch jetzt nicht vermehrt werden, da die Ausdauer der
in jüngster Zeit eingeführten Arten noch nicht genügend constatirt
war. Dabei konnte indeß nicht vermieden werden, einige Arten auf=
zunehmen, die im jugendlichen Alter einigen Schutz verlangen,
wobei man erfahrungsgemäß zu der Annahme berechtigt ist, daß
sie mit höherem Alter als ausdauernd sich zeigen werden. Bei
der speciellen Beschreibung dieser Arten sind die zweckentsprechenden
Schutzvorrichtungen angegeben.

Nicht allein die Bodenarten, in denen die Pflanzenarten am
vorzüglichsten gedeihen, sind an betreffender Stelle bemerkt, son=
dern auch die geeignetsten Standorts = Verhältnisse sind nach den
bis jetzt vorliegenden Erfahrungen bezeichnet, da in den meisten
Fällen diese letzteren einen unverkennbar wirksameren Einfluß auf
ein gedeihliches Pflanzenleben äußern, als die Boden=Verhältnisse.

Das bei den verschiedenen Species vorgezeichnete Cultur=Ver=
fahren ist das Ergebniß eigener langjähriger Praxis.

Ich hege nur den Wunsch, durch diese Abhandlung dazu an=
zuregen, die Zierden unserer Parks und Gärten vermehrt zu sehen,
vor Allem aber den Anbau technisch werthvoller Holzarten in unsern
deutschen Wäldern anzubahnen und zu fördern; sollten meine Hoff=
nungen auch anfänglich nur von mäßigen Erfolgen begleitet sein,
so fühle ich mich dennoch reichlich belohnt, dazu einige Veranlassung
gegeben zu haben.

C. Geyer.

Inhalts-Verzeichniß.

A. Laubhölzer.

A. Laubhölzer.

(Bei der großen Menge fremdländischer Eichen-Arten sind nur diejenigen aus-
gewählt, welche sich durch technischen Werth, sowie durch decorative Schönheit
besonders auszeichnen.)

---

1. Quercus alba. L. Weiße Eiche.
Amentaceae.

Die weiße Eiche kommt besonders vor von Canada herab bis
zur südlichen Grenze von Süd-Carolina, vorzugsweise vom 40.
bis 44. Grad nördl. Breite.

Sie erreicht eine Höhe von 28 bis 30 M. und einen Durchmesser bis 3 M. bei großer Schaftreinheit, und liebt humusreichen,
tiefgründigen und frischen Boden, wo sie denn auch zu besonderer
Vollkommenheit gelangt.

Ihre Blätter sind fast ungestielt, gleichförmig gefiedert zer-
schnitten, mit stumpfen, oft ungetheilten Einschnitten, oben dunkelgrün und glänzend, unten bläulichgrün.

Die Mitte Mai hervorbrechenden männlichen Blüthen haben
fünf bis zehn Staubfäden, die weibliche Blüthe eine bis zwei Nar-
ben auf sehr kurzem Stiel.

Das Näpfchen ist fast halbkugelförmig, mit Knötchen besetzt;
die ziemlich starke Eichel länglich eiförmig, an der Spitze mit einem
Knöpfchen versehen von weißlicher Farbe, und sehr süß, in Folge
dessen sie eine vortreffliche Mast liefert. Ihre Reife fällt in die
Mitte des Octobers.

Die Rinde ist weißlich, bei jungen Bäumen glatt, und erst im höheren Alter trennt sie sich in bänderartige längere Streifen, und ist als Gerbematerial besonders geschätzt.

Auch das Holz ist weiß, wenig in's Bläuliche übergehend, sehr fein, besonders fest und zähe, und nimmt, verarbeitet, Glanz und Politur an.

Dasselbe wird benutzt zum Schiffs= und Häuser=Bau, zu Stab= holz und vielen Arten von Werkholz, und wird seiner großen Zähig= keit und Elasticität wegen in gespaltener Form zur Anfertigung der feinsten Korbwaaren und Besen benutzt; auch wird das Brennholz dieser Eiche sehr geschätzt.

Starke und schön gewachsene Stämme bilden einen bedeutenden Exporthandel zur Verwendung als Schiffsbauholz nach England und Westindien.

Wenn sie auch unter den nordamerikanischen Eichen den lang= samsten Wuchs zeigt, wächst sie doch bedeutend schneller als unsere deutschen Eichen. — Obgleich sie nun auch ein recht schöner Park= baum ist, so verdient sie doch für den forstlichen Anbau ganz be= sonderer Beachtung und Empfehlung.

2. Quercus rubra. L. **Rothe Eiche.**

Sie hat dieselbe Heimath wie die Vorige, geht aber noch nörd= licher über den 44. Grad hinauf, und ist gegen die stärksten Kälte= grade unempfindlich, auch macht sie geringere Boden=Ansprüche; findet sich auf höheren Bergen häufig, und bedeckt selbst steile und felsige Abhänge.

Sie erreicht gleichfalls eine Höhe bis 30 M. bei bedeutender Stärke, und ist oftmals bis 18 M. schaftrein; in Folge ihrer lang= gestreckten Beastung zeigt sie eine weitgebaute und hochgewölbte Krone.

Ihre großen, bis 18 CM. langen Blätter haben stumpfe Einschnitte, die Winkel derselben erscheinen lanzettförmig, mit läng= lichen, abwärts stehenden, stachelspitzig grob gezähnten Lappen, die obere Fläche ist glänzend grün, die untere von matter, blaßgrüner Färbung. Der Blattstiel ist etwa 3 CM. lang.

Mit Ende September erhält die Belaubung eine in verschie=

denen Nüancen sich zeigende rothe Färbung, die bis zum Laub=
abfall in dunkleres Roth übergehend, einen herrlichen Effect gewährt
und zu imposanter Verschönerung einer Landschaft nicht wenig bei=
trägt, namentlich wenn sie zu größeren Gruppen oder Alleepflan=
zungen verwandt wird.

Die Blüthen sind denen der Vorigen gleich und erscheinen gegen
Mitte Mai. Die Eichel ist mehr rund als länglich, sehr stark und hell=
braun; das flache, kreiselförmige Näpfchen, welches kaum das untere
Drittel der Eichel einschließt, ist dicht mit flachen Schuppen bedeckt.

Gewöhnlich stehen zwei Eicheln zusammen auf sehr kurzem Stiel.
Sie reift Mitte October und liefert, obgleich nicht ganz so süß als
die Vorige, ein gutes Mastfutter.

Die Rinde ist bei jungen Stämmen glatt und bleifarbig, bei
älteren dunkler, in's Bräunliche gehend, wenig gerissen und wird
als Gerbematerial hoch geschätzt.

Das Holz ist grob, bräunlich und porös, spaltet aber vortrefflich;
vorzugsweise wird es zum Häuserbau, Tischlerarbeiten und zu Stab=
holz für dickflüssige und trockene Gegenstände benutzt, und fertige
Stäbe werden in großen Massen nach Westindien zu Syrup= und
Melasse=Fässern ausgeführt. — Ihr Anbau verdient in forstlicher
Beziehung eine ganz besondere Beachtung, indem sie geringe Boden=
Ansprüche macht, und in Raschheit ihres Wuchses mit dem der
Nadelhölzer wetteifert.

In Norddeutschland finden sich bereits Exemplare von einhundert=
jährigem Alter, die bei einer Höhe von 25 M. einen Durchmesser
von 1,25 M. haben und dabei auf 15 M. schaftrein sind.

Bei dem großen Werth, den die Rinde dieser Eiche an Gerbe=
stoff liefert, und bei der Raschwüchsigkeit und trefflichen Ausschlags=
fähigkeit, welche sie besitzt, eignet sie sich vorzugsweise zur Anlage
von Schälwald, indem der Turnus ein bei weitem kürzerer wie
bei unserer Eiche sein darf, und dennoch die Erträge an Holz wie
Rinde bedeutender ausfallen.

Diese schöne Eiche findet jetzt schon häufige Aufnahme im Walde,
und man darf mit Sicherheit annehmen, daß sie das Bürgerrecht
in deutschen Wäldern erwerben wird.

1*

Für den großen Park ist sie einer der unentbehrlichsten Bäume, als Einzelbaum frei auf Rasen, oder in größerer Gruppe, und namentlich nicht genug zu empfehlen zu Allee-Anlagen.

3. Quercus prinus palustris. Michx. Kastanienblättrige Sumpf-Eiche.

Ihr Vaterland ist das ebene und niedere Terrain der beiden Carolinen, Georgiens und Florida's, besonders aber nur da, wo ausgedehnter Sumpf und feuchte Bodenparthien vorkommen.

Sie erreicht eine Höhe bis zu 30 M. und eine Dicke bis zu 2 M.

Ihre Blätter sind ziemlich lang gestielt, umgekehrt eirund, grob gesägt, gekerbt, im Frühling seidenartig behaart, glatt und bläulichgrün, im Alter jedoch mitunter filzig.

Die Rinde ist weißlich, im Alter der Länge nach in Streifen sich ablösend.

Die Frucht ist sehr groß, fast 4 CM. lang und $2^1/_2$ CM. breit, sehr süß; das Näpfchen ist flach und stark schuppig, der Fruchtstiel meist sehr kurz.

Sie erreicht unter allen denjenigen Eichen, die in dem mittäglichen Theil der Vereinigten Staaten wachsen, die größten Dimensionen, und ist hervorragend durch ihre auffallend schöne Baumform.

Sie liefert vortreffliches Holz zum Schiffs- und Häuser-Bau, zu Stabholz und den verschiedensten Wagner-Arbeiten, und läßt sich in solchem Grade zertheilen, daß man Korbwaaren und Besen daraus verfertigt.

Man verwechsele diese Eiche nicht mit Quercus palustris, deren Holz geringeren Werth besitzt, und deren Stamm weit geringere Dimensionen erreicht.

Auf feuchtem Terrain in großen Parkanlagen gehört sie zu den Bäumen ersten Ranges bezüglich ihrer Schönheit.

Leider ist sie noch selten auf unserem Continent.

4. Quercus prinus monticola. Michx. Kastanienblättrige Berg-Eiche.

Sie wächst vorzugsweise in Virginien und beiden Carolinen, meist nur auf hohen Bergen, liebt felsiges, zerklüftetes Terrain. Sie erreicht nur eine Höhe von 13 bis 15 M. und eine Stammstärke von 1 M.

Ihre enorm großen Blätter, die bis 24 CM. Länge und 10 bis 12 CM. Breite erreichen, haben stumpfe, regelmäßige Zähne; die untere Blattseite ist bläulichgrau, mit wellig buchtigem Rande, die obere Blattseite vom schönsten Saftgrün. Blattstiel von 1 CM. Länge.

Das Näpfchen ist mit dachartig liegenden spitzigen Schuppen besetzt, und fast zur Hälfte der länglich braunen, ziemlich großen Eichel reichend. Der Fruchtstiel ist sehr kurz oder fehlend.

Das Holz ist ausgezeichnet und eben so werthvoll, wie das der weißen Eiche. Die Rinde besonders zur Gerberei geschätzt.

Sie liebt trockene, hohe, bergige Bodenparthien, alle niederen, feuchten Lagen sagen ihr nicht zu.

Für Parkanlagen eine der schätzbarsten Eichen, effectvoll durch ihre im schönsten Grün prangende große Belaubung; auch ist sie für kleinere Parks und Gärten zu empfehlen, da sie unter die Bäume IV. Größe gehört.

5. Quercus prinus acuminata. Hort. Kastanienblättrige, zugespitzte Eiche.

Sie wächst in allen fruchtbaren Gegenden der Alleghani-Gebirge, wird 25 M. hoch und bis 2 M. im Durchmesser stark.

Die Blätter sind glatt und bläulichgrün, lang gestielt, länglich oval mit stumpfer Basis und scharfen Zähnen. Die Form der Blätter hat einige Aehnlichkeit mit denen der Edel-Kastanie.

Die Blüthe hat meist zehn Staubfäden; Fruchtstiel sehr kurz, festsitzend; Frucht süß, mittelmäßig groß und einzeln, in sehr dünnen, fast kugelförmigen Näpfchen eingeschlossen.

Das Holz hat den Werth der weißen Eiche, und wird zu denselben technischen Zwecken benutzt.

Ein eben so decorativer Parkbaum als die Vorige, eignet sich dieselbe besonders zu freier Einzelstellung.

6. Quercus obtusiloba. Michx. Stumpflappige Eiche.
(Graue Eiche.)

Sie findet sich besonders von Canada bis Florida, meistens westlich der Alleghanischen Gebirge, erreicht eine Höhe von 18 M. und bis nahezu 2 M. Durchmesser.

Sie liebt höhere, trockene Lagen, und der Stamm trägt eine regelmäßige, starke Beastung.

Die Blätter sind nicht sehr groß, etwas filzig, unten grau oder erdfarbig, oben tief dunkelgrün, gewöhnlich mit fünf Lappen, welche gleichsam abgestutzt und ausgerandet erscheinen, gegen den Stiel spitz verlaufend; letzterer ist kurz und röthlich.

Die männlichen Blüthen enthalten meist nur ein sehr kurzes Kätzchen, weibliche Blüthen drei bis vier auf dem nämlichen Stiele. Die fast immer reichliche Frucht ist klein, länglich eliptisch, Frucht=stiel gleichfalls röthlich und kurz, Näpfchen beinahe halbkugelförmig nach unten zugespitzt.

Die Blattform variirt sehr, und vielleicht ist es diese Unregel=mäßigkeit, daß ihre Belaubung mit zu den prächtigsten zählt; im Herbst erscheint sie in tiefrother Färbung.

Als Parkbaum verdient sie alle Beachtung.

7. Quercus macrocarpa. Michx. Großfrüchtige Eiche.

Diese herrliche Eiche findet sich westlich der Alleghanischen Ge=birge, Tenessee, Kentucky und Illinois; sie erreicht eine Höhe bis zu 30 M. und eine Stärke bis zu 2 M., und wächst da am üppigsten, wo sie einen tiefgründigen, thonigen und kalkhaltigen Boden findet.

Ihre großen, fast 24 CM. langen Blätter sind ein wenig filzig, länglich, leierförmig, umgekehrt eirund, tief ausgebuchtet, stumpf=lappig, von mittlerem Grün; auf der unteren Seite grau, mit fast 3 CM. langem Blattstiel.

Das Näpfchen hat einen ziemlich langen Stiel, ist mit dach=

ziegelartig gestalteten, übereinander liegenden spitzen Schuppen bedeckt und am oberen Rande schön gefranzt. Die Frucht ist sehr groß, bis 4 CM. lang und 3 CM. dick, dunkelbraun, und vor ihrer Reife fast ganz vom Näpfchen umschlossen.

Die Rinde ist sehr glatt, selbst im höheren Alter wenig gerissen.

Das Holz ist gleichfalls geschätzt, steht jedoch dem der weißen Eiche nach.

Sie gehört zu den decorativsten und schönsten Parkbäumen.

8. Quercus lyrata. Michx. Weiße Wasser-Eiche. Leierförmige Eiche.

Sie findet sich in den Niederungen von Süd-Carolina und Georgien, welche von großen Flüssen oft überschwemmt werden, liebt mithin frische, feuchte Standorte.

Sie erreicht eine Höhe von 15 M. und wird bis 1 M. stark.

Die Blätter sind von weißlichgrüner Farbe, völlig glatt, leier-förmig, sehr stumpfbuchtig, mit 2 CM. langem Stiel. Meistens reichen die Ausbuchtungen beinahe bis zur Hauptblattader.

Die große, fast runde Frucht ist vom Näpfchen beinahe ganz umschlossen; letzteres mäßig dick, mit spitzigen Knötchen rauh besetzt.

Die Rinde ist selbst bei älteren Bäumen eben und glatt, die Aeste sind sehr biegsam.

Sie zeichnet sich durch besondere Raschwüchsigkeit aus, worin sie die Quercus rubra auf passendem Standort noch übertreffen soll.

Auch ist das Holz von derselben Beschaffenheit, wie das der rothen Eiche.

Sie gehört wegen ihrer eigenthümlich schönen Belaubung mit zu den beliebtesten Parkbäumen.

9. Quercus olivaeformis. Michx. Olivenfrüchtige Eiche.

Auf feuchtem Terrain im oberen Hudson-Gebiete ist ihre Heimath.

Ihre Blätter sind bis zu 15 CM. lang, aber schmal und glatt, auf der unteren Blattfläche graugrün, tief ausgebuchtet, die Lappen an der Spitze fein gezähnt; die unteren Einbuchtungen reichen fast bis zur Hauptblattader.

Die Frucht ist bis 3 CM. lang, nicht viel über 1 CM. dick, und von einem zugespitzten, stark beschuppten Becher fast bedeckt.

Sie gehört unstreitig mit zu den schönsten Parkbäumen, und ist fast so raschwüchsig als die rothe Eiche. Sie eignet sich besonders zur Einzelstellung oder kleiner Gruppenpflanzung.

10. Quercus palustris. Wild. Die Sumpfscharlach=Eiche.

Ihr Vaterland sind die niederen Gegenden und Sümpfe in Neu=England, Pensylvanien und Virginien.

Die Blätter sind langgestielt, sehr tief ausgebuchtet, mit länglichen, borstigen, stachelspitzigen, grobgezähnten Lappen, kahl, und in den Blattadern der unteren Seite behaart.

Die Frucht ist fast rund und vom Becher nahezu umschlossen, aber sehr klein, kaum 1 CM. im Durchmesser, und schwärzlich. Von der Blüthezeit bis zur Fruchtreife verfließen zwei Jahre.

Der Baum erreicht auf feuchtem, humusreichen Terrain eine Höhe von 30 M. und einen Durchmesser von kaum 1 M. Das Holz ist weich und schwammig, hat selbst als Brennholz geringen Werth; dagegen gehört sie unter die schönsten Parkbäume, da der schlanke Baum mit hochgewölbter Krone und der decorativen Belaubung, welche im Herbst in prächtigem Roth erscheint, äußerst effectvoll ist, besonders wenn sie in größeren Gruppen angebracht, oder zu Allee=Anlagen verwandt wird.

11. Quercus virens. Ait. Carolinische grüne Eiche.

Ihr Vaterland ist von der unteren Grenze von Virginien bis Florida, und bis zum Mississippi, meist aber nur in geringer Entfernung vom Meere.

Sie erreicht eine Höhe von 15 M. und einen Durchmesser bis zu 1,5 M.

Ihre Blätter sind ausdauernd, zähe, dick, länglich eirund und ein wenig stumpf, mit vollkommenem Alter gezähnt, im Frühling seidenhaarig, dunkelgrün und glänzend, auf der unteren Blattseite weniger haarig; der Blattstiel ist kurz und, wie die Blattadern, röthlich.

Die männliche Blüthe trägt vier bis fünf Staubfäden, die weiblichen Blüthen sind langgestielt, das Näpfchen ziemlich hoch an der länglichen, hellbraunen Eichel hinaufgehend, mit dachartig übereinander liegenden, nach oben abgerundeten Schuppen besetzt.

Die Rinde ist schwärzlich und wenig rissig, fast glatt. Sie findet sich besonders an den Küstenstrichen, wo sie den Stürmen stets ausgesetzt ist.

Sie verlangt übrigens in Norddeutschland einen geschützten Standort, namentlich Seitenschutz gegen rauhe Nord- und Nordost-Winde, und gehört zu den schönsten Parkbäumen mit immergrüner Belaubung.

Ihr Holz ist ganz besonders geschätzt zum Schiffsbau, und wird selbst dem der weißen Eiche noch vorgezogen

Erfahrungen über die Cultur und Pflege vorstehender Eichen-Arten.

In manchen deutschen und französischen Pflanzen-Etablissements findet man Gelegenheit zum Bezuge junger und auch bereits erstarkter Stämme.

Will man aber in größeren Massen pflanzen, und über ein billiges, in jeder Beziehung ausgesuchtes Pflanzmaterial verfügen, so empfiehlt sich der directe Bezug der Samen, der unter allen Umständen den Vorzug verdient, indem man frische Samen, und worauf ein ganz besonderer Werth zu legen ist, auch die Samen der bestellten Species erhält.

Bezüglich der Eichenzucht in größeren Massen will ich nun ein bewährtes Verfahren folgen lassen, gesunde, kräftige und schön gewachsene Hochstämme mit Sicherheit zu erziehen.

Ich darf dieses um so weniger übergehen, da bei der Anzucht anderer fremdländischen Holzarten darauf hingewiesen werden wird, um Wiederholungen zu vermeiden.

Da in der Regel die aus Amerika direct bezogenen Eicheln meistens in den Winter-Monaten auf unserem Continent eintreffen, und selbst bei frühzeitig im Herbst vorgerichteten Saatbeeten eine sofortige Aussaat der Witterung wegen unmöglich ist, so ist eine sorgfältige Aufbewahrung bis zum Frühling unerläßlich. Diese geschieht nun am zweckmäßigsten in einem bedeckten Raume, etwa einer Scheuntenne, luftigem Stallraume 2c., wo man die Eicheln in fast trockenen Sand, oder noch besser in sogenannte Kohlenstübbe von Meilerstellen, schichtweise in Form eines Kegels einlegt, so daß jede Eichel von Sand oder Stübbe völlig umschlossen und isolirt liegt.

Um diebische Mäuse fern zu halten, die den meist süßen Früchten gern nachstellen, umlegt man den Kegel dicht mit Wachholdersträuchern.

Nachdem frühzeitig — gegen Anfang April — das Saatbeet vorgerichtet ist, welches auf bereits bearbeitetem Boden durch vor= hergehendes tiefes Umgraben und feines Abharken völlig erreicht wird, beginnt man mit der Aussaat, und zieht, nachdem man mit einem Marquer die Linien bezeichnet hat, in 30 CM. Entfernung parallel laufende Gräbchen von 7 CM. Tiefe mit einer herzförmigen Hacke.

Die nun aus dem Winterlager genommenen Eicheln, welche meistens bereits kurze Keime zeigen, werden, die Keimspitze nach unten, in 10 CM. Entfernung eingesteckt und bedeckt.

Zu dieser Bedeckung wählt man, wenn das Saatbeet nicht sehr humusreichen Boden enthält, eine Mischung von guter Compost= Erde und Rasenasche, je zur Hälfte, wodurch die obere Seiten= wurzel=Bildung der jungen Pflanzen bereits im ersten Jahre auf= fallend begünstigt wird, und in Folge dessen die Bildung der Pfahlwurzel in dem tieferen, an Humusstoffen ärmeren Boden geringere Fortschritte macht.

In schweren Bodenarten zieht man die Saat=Rillen flacher, da ein solcher Boden sehr wasserhaltig ist, um theils ein Vermodern der Eicheln zu verhindern, theils den Keimungsprozeß durch inten= sivere Einwirkung der atmosphärischen Wärme zu beschleunigen.

Von der Zeit der Aussaat bis zum Erscheinen der Pflanzen hat man die Saatbeete oft zu controliren, ob nicht Mäuse die gelegten Eicheln herausholen.

Das sicherste Mittel dagegen ist, spät Abends Einlegen von vergiftetem Weizen in die in der Nähe des Saatbeets befindlichen frischen Gänge.

Um das Wachsthum der jungen Pflanzen auch ferner möglichst

anzuregen, werden im Laufe des Sommers bis zur Vegetationszeit die Saatbeete öfterer nach Bedürfniß gelockert und von allem Unkraut rein gehalten. — Die in solcher Weise erzogenen Pflanzen zeigen eine kräftige Entwickelung in allen ihren Organen.

Im folgenden Frühling — im Monat April — beginnt nun die erste Verschulung dieser einjährigen Pflanzen auf einer Fläche, welche vorher tief gegraben und gut abgeharkt ist.

Die jungen Stämmchen werden vorsichtig ausgehoben, die Pfahlwurzeln auf 12 bis 15 CM. mit scharfer Astscheere eingekürzt, und die Seitenwurzeln, wenn solche zu lang sind, mäßig gestutzt.

Durch dieses Einkürzen der Pfahlwurzel entstehen, wie bereits ältere Versuche vollständig nachgewiesen haben, keine nachtheiligen Folgen für das Leben der Pflanze; im Gegentheil hat diese Operation den sehr wesentlichen Nutzen, eine vollendetere Erzeugung und Ausbildung der oberen Seitenwurzeln zu fördern, welche wohl als die vorzüglichsten Ernährungs-Organe zu betrachten sind.

Während des Anwachsens der oberen Seitenwurzeln beginnt indeß auch gleichzeitig das Stämmchen, den verlorenen Theil der Pfahlwurzel zu ersetzen, indem von den Abschnittspunkten zwei, drei oder mehrere sich bildende Wurzelstränge senkrecht in den Boden dringen.

Um vor dem Einpflanzen das Austrocknen der zarten Faserwurzeln zu verhüten, werden die Stämmchen bis zum Wurzelstock in dickschlammiges Wasser getaucht, und mit einem in Wasser getränkten groben Tuche bedeckt.

Zur Bezeichnung der Pflanzstellen wird das Pflanzbeet mit einem Marquer von 30 CM. Weite in der Länge, und hiernach rechtwinkelig in der Breite überzogen. Auf den Punkten, wo die Linien kreuzen, werden die Pflanzlöcher in 20 CM. □ und 20 CM. Tiefe ausgehoben, und pflanzen die Arbeiter in den Linien rückwärts tretend.

Von besonderer Wichtigkeit bleibt, darauf streng zu achten, daß die Stämmchen nicht tiefer eingesetzt werden, wie sie vorher gestanden haben. Denn damit die Wurzeln die zu einer üppigen Vegetation nöthigen Functionen zu erfüllen im Stande sind, ist es wichtig, den Einflüssen, welche die Vegetation besonders anregen und fördern, den Zutritt zu den Wurzeln zu erleichtern. Durch zu tiefes Einpflanzen aber schmälert man den Zutritt der wohl= thätigen atmosphärischen Einflüsse auf das Pflanzenleben, und küm= mernder Pflanzenwuchs ist unausbleibliche Folge.

Auf diesen Pflanzenbeeten bleiben nun die Stämmchen volle drei Jahre. Im folgenden zweiten Frühling, wo sie das dritte Lebensjahr antreten, erfolgt das Zurückschneiden derselben in nach= stehender Weise.

Ein mit scharfer Astscheere versehener, zuverlässiger Arbeiter schneidet, reihenweise durchgehend, jedes Stämmchen 2 CM. über der Erde etwas schräg ab, so daß die Schnittfläche nach Norden gerichtet ist; ein demselben folgender Arbeiter sammelt die abge= schnittenen Stämmchen und bestreicht zugleich die Abschnittflächen der Stümpfe mit Steinkohlen=Theer. Diese Operation erfolgt gegen Mitte April.

Kurze Zeit nach dem Zurückschneiden beginnen am Stumpfe die schlafenden Knospen (Präventivknospen) zu erscheinen und aus= zutreiben; etwas später entwickeln sich die Adventivknospen in der sich bald zeigenden Ueberwallung zwischen Rinde und Basthaut.

Wenn nun die krautartigen Triebe gegen Mitte Mai eine Länge von 6 bis 8 CM. erreicht haben, beseitigt ein zuverlässiger Arbeiter, die Reihen vorsichtig durchgehend, mit Ausnahme eines einzigen, sämmtliche Triebe mittelst eines scharfen Messers dicht auf der Rinde.

Finden sich nun Triebe von Adventivknospen, so verdient der üppigste davon zur Erhaltung den Vorzug, selbst wenn er kleiner als die übrigen Triebe aus Präventivknospen sein sollte, indem durch dessen günstigeren Stand die Ueberwallung der Schnittwunde am raschesten bewirkt wird.

Findet sich kein Trieb hervorgegangen aus einer Adventivknospe, was mitunter vorzukommen pflegt, so wird der am äußersten Rande des Stumpfes zunächst stehende Trieb, entstanden aus einer Präventivknospe, zum Ueberhalt gewählt.

Die späterhin noch erfolgenden unnützen Triebe müssen immer rechtzeitig, bald nach ihrer Entstehung beseitigt werden, damit der zur künftigen Baumschaftbildung reservirte Trieb durch Entziehung von Holzbildungsstoffen in seinen Wachsthums-Verhältnissen nicht beeinträchtigt werde.

Das Erscheinen unnützer Triebe wird nach sorgfältiger Beseitigung immer seltener, und hört vollends auf, wenn der neue Schaft mit soviel Blättern bekleidet ist, daß der aufsteigende Saft vollständig durch diese zur Holzbildung umgeschaffen werden kann.

Ganz conform, wie die Ausbildung und Vergrößerung des Schaftes vorschreitet, findet auch die Ueberwallung durch das in immer größerer Menge erzeugte und herabsteigende Cambium statt; in den meisten Fällen ist bis zum Herbst die Wunde vollständig geschlossen.

Die Bildung des Schaftes ist nun mit Ende der Vegetationszeit schnurgerade, und mit kurzen, aber kräftigen Seitenverzweigungen ausgestattet.

Um sich von dieser zweckmäßigen Methode vollends zu überzeugen, lasse man probeweise einige Stämmchen nicht zurückschneiden, und man wird die Ueberzeugung gewinnen, daß nur durch diese Methode schön gebildete und kräftige Hochstämme in kurzer Zeit mit Sicherheit zu erziehen sind.

Die Tafeln I, II, III und IV veranschaulichen die Ausbildung der aus Präventiv- und Adventiv-Knospen hervorgegangenen jungen Stammbildung.

Nach dem Zurückschneiden beginnt man im darauf folgenden Frühling damit, die nun vierjährigen Stämmchen zum zweiten Mal in 50 CM. quadratischer Entfernung zu verschulen, um dieselben zu starken Hochstämmen heranzuziehen.

Die dazu bestimmte Fläche wird nun vorher tief gegraben und abgeharkt, und hiernach mit dem Marquer in genannter Entfernung quadratisch überzogen.

Die Pflanzlöcher werden auf den Kreuzungspunkten 30 CM. □ und 25 CM. tief angefertigt.

Die Pflanzen werden durch Umstechung mit möglichster Schonung ihrer Wurzeln ausgehoben, und da sie durch die erste Verschulung bereits ziemlich ballenhaltig geworden sind, so beläßt man ihnen die Erde, welche die Wurzeln festzuhalten vermögen, und schneidet nur die hervorstehenden, beim Ausheben verletzten Wurzelstümpfe an ihren Endpunkten mit scharfer Astscheere zurück.

Dieses Zurückschneiden muß stets in der Art ausgeführt werden, daß die schräge Schnittfläche dem Boden des Pflanzlochs zugekehrt ist, damit die auf den Rändern derselben austreibenden Wurzeln unbehindert in die Tiefe wachsen können.

Hierauf werden die Stämmchen nun eingepflanzt, und man darf annehmen, da sie nur eine geringe Störung in Folge ihrer Ballenhaltigkeit durch dieses Verpflanzen erleiden, daß sie, in ihrer weiteren Entwickelung nur wenig beeinträchtigt, gute Wachsthums-Verhältnisse zeigen werden.

Hier bleiben die Stämmchen nun, bis sie zu kräftigen Hochstämmen herangewachsen sind. — Tafel VI zeigt das Bild eines normalen, gut gebildeten Hochstammes.

Die Bodenpflege wird alljährlich so lange fortgesetzt, bis die Pflanzschule im vollen Schlusse ist, eine Laubdecke bildet, und keine Unkräuter mehr aufkommen läßt.

Bei der üppigen Entwickelung der Stämmchen, welche bereits im dritten Sommer erfolgt, ist es von Wichtigkeit, die Pflanzreihen Mitte Juni mit Aufmerksamkeit zu durchgehen, und jedes Stämmchen zu untersuchen, ob nicht abnorme Bildungen in ihren Verzweigungen sich zeigen, um solche mittelst des sogenannten Sommerschnitts, der im Auskneifen der Spitzen oder Umdrehen der noch krautartigen Triebe besteht, zu unterdrücken; denn man findet hin und wieder gabelartige Wipfelbildungen, oder die Form des Bäumchens störende Seitenverzweigungen.

Diese Operationen, die man mit der Hand, ohne jedes Instrument in bequemer Weise besorgt, haben den wichtigen Hauptzweck, den Saft, welcher den ausgekniffenen und umgedrehten Trieben zu Gute gekommen wäre, für die Ernährung der bleibenden Verzweigungen zu erhalten, und eine normale Form für deren weitere Ausbildung anzubahnen.

Die Verletzungen, welche die Stämmchen hierdurch erleiden, sind ohne Bedeutung, und werden im künftigen Sommer bei noch maliger Revision die nunmehr trocken gewordenen, abgedrehten Triebe mit der Astscheere an ihren Entstehungspunkten abgelöst.

Verschiebt man diese Operationen, so ist mit Sicherheit anzunehmen, daß man schon viele Stämmchen findet, die durch abnorme Bildungen ihrer Wipfel oder Seitenverzweigungen sofort in's Auge fallen.

Um nun solche Stämme auf die normale Form zurückzuführen, genügt der Sommerschnitt nicht mehr, da mehrjährige Verzweigungen einzukürzen und zu beseitigen sind, welches nur mit Anwendung des Messers und der Astscheere zu bewerkstelligen ist. Größere Wunden und damit verbundene Saftausflüsse sind die unausbleiblichen Folgen dieser Versäumniß, und dabei bleibt es dennoch schwierig, die richtige Form wieder herzustellen.

Die Ausführung dieser Operationen kann indeß nur einer Persönlichkeit anvertraut werden, die mit dem ganzen Pflanzenleben, ihren Functionen und Eigenthümlichkeiten, vollständig vertraut ist.

---

12. Carya alba. Nutt. Weißer Hikorybaum.
Juglandeae.

Das Vaterland dieses vortrefflichen Waldbaumes ist Nordamerika, er findet sich vom südlichen Carolina an nördlich bis zum 45. Grad nördl. Breite und tritt häufig in reinen Beständen auf.

Er erreicht eine Höhe von 35 M. und einen Durchmesser bis 1 M., im geschlossenen Bestande eine Schaftreinheit bis 18 M.

Die lanzettförmigen, sehr großen Blätter stehen, fünf an der Zahl, an der Blattrispe, wovon eins derselber die Spitze bildet; sie sind von einer sehr schönen, lichtgrünen Färbung, und haben einen ähnlichen Geruch als die unseres deutschen Wallnußbaumes.

Die Blüthe erscheint Anfangs Mai, gleichzeitig mit dem Ausbruch der Blätter. Männliche und weibliche Blüthen auf einem Stamme.

Die Frucht reift im October und ist etwa halb so groß, als unsere Wallnuß. Sie ist länglich oval, in der Mitte am breitesten, unten und oben zugespitzt, nach unten hin meist scharf vierkantig, die Schale schmutzig weiß und glatt, der Kern von schönem Geschmack, als Naschfrucht beliebt. — Die äußere Fruchthülle besteht in einer grünen, fast 0,5 CM. starken, rindenartigen Schale, die bei der Reife eine schwarzbraune Färbung annimmt, und in vier gleiche Theile aufspringend, häufig mit der Nuß zugleich abfällt.

Die Früchte geben eine vortreffliche Mast und werden von den Schweinen begierig gefressen, wenn sie einige Zeit nach dem Abfall durch Witterungs=Einflüsse mürbe geworden sind.

Die Rinde ist von weißgrauer Färbung und glatt, bei älteren Bäumen gerissen, und an jungen Stangen so zähe, daß sie als Bindematerial benutzt wird.

Das Holz ist von weißer Farbe, sehr schwer und von seltener Zähigkeit, daher es als Nutzholz die vielseitigste Verwendung findet. Namentlich Böttcher und Wagner gebrauchen es viel; erstere benutzen dasselbe in gespaltener Form vorzugsweise zu sehr dauerhaften Faß=reifen, letztere verwenden es in derselben Form zu dauerhaften Radreifen, statt der hier gebräuchlichen Felgen, und zu allen den=jenigen Stücken, die in der Wagnerei große Zähigkeit und Festig=keit erfordern.

Als Brennholz und Kohlholz wird es gleichfalls sehr geschätzt und soll hierin noch das unserer Rothbuche übertreffen.

Der Hikorybaum wächst gern in einem leichten, frischen, humus=reichen Boden, welcher indeß seiner starken Pfahlwurzelbildung wegen auch tiefgründig sein muß.

Die Einführung dieser so ungemein wichtigen und vielseitig nutzbaren Holzart in Deutschlands Wälder kann wohl nicht genug empfohlen werden.

Als Alleebaum verdient er besondere Beachtung, da er sich durch schlanken Wuchs, imposante Belaubung und schön geformten Kronen=bau besonders auszeichnet, und der hohe Werth seines Holzes belangreich ist.

Erfahrungen über die Cultur.

Die Samen bezieht man direct. Kommen die Nüsse, wie ge=wöhnlich, im Winter an, so bewahre man solche ganz nach Vor=schrift der Eicheln auf.

Die Aussaat und weitere Heranbildung des Hikorybaumes zum kräftigen Hochstamm ist analog mit der der Eiche, nur daß bei dem schlanken Wuchse, den der junge Hikorybaum zeigt, ein Zurückschneiden der Stämmchen nicht erforderlich ist.

Die erste Verschulung beginnt zweckmäßiger mit zweijährigen Sämlingen.

---

13. Juglans nigra. L. Schwarzer Wallnußbaum.

Die Heimath dieses höchst werthvollen Nutzholzbaumes sind die unter dem wärmeren Himmelsstrich liegenden Staaten Nordamerika's, namentlich Nord-Carolina, Virginien und Maryland, er geht jedoch vereinzelt noch höher hinauf, bis zum 43. Grad nördl. Breite.

Der Baum erreicht auf passendem Standort eine Höhe von 25 M. und bis 1,5 M. Durchmesser.

Die Blattbildung ist ähnlich unserem Wallnußbaume, jedoch variirt die Blätterzahl, denn man findet fünfzehn, siebenzehn und mehr an einem Blattstiel von meistens gelblichgrüner Färbung. Die Blattstiele und Zweige sind braun und fein behaart, sowie auch die Blattadern der unteren Blattseite.

Die Blüthezeit beginnt gegen Mitte Mai; die Frucht reift gegen Ende October und besteht in einer runden, schwarzen Nuß, deren Schale auf der äußeren Seite rinnenartige Vertiefungen enthält; sie ist sehr hart und fest, und der innere kleine Kern von ölig=wässerigem Geschmack. Die Nuß wird von einer gelblich=grünen Schale umschlossen, die fest in die rinnenartigen Vertiefungen eingewachsen ist. An einem Fruchtstiel sitzen meist zwei bis drei Früchte neben einander.

Die Rinde ist bei ausgewachsenen Stämmen gerissen, dunkelgrau, in's Bräunliche übergehend.

Das Holz ist sehr fest, geflammt und meistens mit schönen Maserbildungen durchwachsen, von einer dunkelrothbraunen, in's Schwärzliche übergehenden Farbe, oftmals mit feinen, ponceaurothen Linien durchzogen, von feinster Textur, und nimmt eine sehr feine und zarte Politur an.

Das Holz ist nicht allein weit schöner als das unseres deutschen

Wallnußbaumes, sondern der Nordamerikaner schätzt es noch höher als das beste westindische Mahagonyholz.

Der schwarze Wallnußbaum liebt ebenes Terrain und Thäler, wo sich ein feuchter, humusreicher, mit Sand gemischter Boden findet. Auf solchem Standort erreicht er mit dreißigjährigem Alter bereits eine so ansehnliche Stärke, daß er zu Bohlen verschnitten werden kann.

Zur Möbelfabrikation wird das Holz dieses Baumes in Bezug auf Schönheit und Dauer von keinem andern übertroffen.

Erfahrungen über die Cultur.

Die Nüsse erhält man schon hin und wieder von in Norddeutschland cultivirten Bäumen; sonst beziehe man direct.

Die Cultur ist ähnlich wie die des Hikorybaumes, nur daß man die Saatreihen in 30 CM. Entfernung legt, und die Nüsse 5 bis 6 CM. hoch bedeckt. In den Saatgräbchen stecke man die Nüsse in der Entfernung von 15 CM.

Die Aussaat geschieht im Spätherbst oder Aufbewahrung wie bei der Eiche; erstere ist vorzuziehen, um die harte Schale mürbe zu machen und das Keimen zu begünstigen.

Bei guter Pflege erhalten die einjährigen Sämlinge eine Höhe von 30 CM. und mehr, und kommen mit dem nächsten Frühling in die Baumschule, wo man sie 45 CM. im Quadrat pflanzt. Das Zurückschneiden — wie bei den jungen Eichen — unterläßt man wegen der starken Markröhre des Bäumchens.

Binnen sechs, höchstens sieben Jahren erzieht man sehr starke, schön gewachsene Hochstämme.

---

14. Platanus occidentalis. Michx. Abendländische Platane.
Plataneae.

Dieser stattliche Baum, wenn er sich zu großer Vollkommenheit entwickeln soll, verlangt eine etwas geschützte Lage und humusreichen, frischen Boden; daher scheut er rauhe und hohe Berglagen und wächst in Nordamerika vorzugsweise zwischen dem 40. und 43. Grad nördl. Breite.

Er erreicht eine Höhe von 35 bis 40 M. und einen Durch=
messer über 3 M. — Der Wuchs ist schnell und neigt im freien
Stande zu einem starken stattlichen Kronenbau.

Selbst in Norddeutschland findet man bereits wahre Pracht=
Exemplare von 30 M. Höhe und 2,5 M. Durchmesser.

Die Blätter sind groß, fünflappig, zugespitzt; die obere Fläche
von imposanter grüner Färbung, die untere matter und wollig, wie
auch die jüngeren Triebe.

Bei jüngeren Bäumen und Trieben ist der Blattstiel an seiner
Basis mit einem runden, ohrförmigen Nebenblatt umschlossen.

Die männlichen und weiblichen Blüthen auf einem Baume er=
scheinen Mitte Mai, die Stiele der weiblichen kugelförmigen Samen
haben eine Länge von 6 bis 8 CM.

Der Samen ist sehr klein, keilförmig, mit feinen, aufwärts
stehenden Haaren besetzt; reift gegen Ende November, bleibt aber
meist bis gegen März hängen.

Die Rinde ist glatt, dick und zähe, weißlich, mit aschgrauen
Flecken; so lange sie jung ist, schält sie sich mit Leichtigkeit und
wird zur Verfertigung leichter Nachen verwandt. Im Frühling
springt die alte Rinde oftmals ab und erneuert sich wieder.

Das Holz ist weißgelb, saftig, schwer, sehr zähe, und hat
mannigfaltigen Gebrauch, z. B. für Muldenhauer und Kistenmacher,
zu Bohlen und Brettern für landwirthschaftliche Zwecke.

Als Brennholz giebt es eine rasche und heftige Hitze, und
gleicht hierin unserem Birkenholz.

Die Holzfaser ist sehr verwachsen und schwer spaltbar.

Die Platane nimmt unter den malerisch=schönen Bäumen den
ersten Rang ein, und es ist sehr zu bedauern, daß sie in Nord=
deutschland noch so wenig angebaut wird.

Ihre stattliche Form, ihre schöne und reiche Beastung, sowie
ihre imposante Belaubung machen sie besonders dazu geeignet, den
Reiz landschaftlicher Bilder zu erhöhen, sei es als Allee, Gruppe
oder Einzelbaum.

Erfahrungen über die Cultur.

Nur die Platanen Süddeutschlands, Italiens und des mittleren Nordamerika bringen reife und keimfähige Samen.

Die Aussaat geschieht auf recht humusreichen Saatbeeten in 8 CM. breiten flachen Rinnen, welche mit der Säelatte schwach eingedrückt werden.

Die Bedeckung der sehr feinen Samen darf nur eine ganz geringe sein, wozu man fein geriebene, mit Rasenasche vermischte Erde nimmt. Die Bedeckung ist richtig, wenn die Samen noch hin und wieder sichtbar sind.

Die Verschulung erfolgt bereits im nächsten Frühling, da ein=jährige Sämlinge meistens die Höhe von 0,75 M. erreichen, nach den bei der Eiche vorgezeichneten Principien, nur schneidet man die Pflanzen nicht zurück, da solche ohnehin einen schlanken und geradschaftigen Wuchs haben.

Außerdem gelingt die Vermehrung mittelst Stecklingen, wozu man einjährige Zweige verwendet, sehr leicht. Indessen ist es zu bezweifeln, daß solche zu so großen und starken Bäumen erwachsen, wie Pflanzen, welche aus Samen erzogen sind.

Zum Stecklingsbeet wähle man humusreichen, frischen Boden und etwas schattige Lage, und lege die Stecklinge schräg, damit sie an ihren Endpunkten nur eine Erdbedeckung von etwa 5 bis 6 CM. erhalten.

---

15. Liriodendron tulipifera. L. Der Tulpenbaum.
Magnoliaceae.

Dieser der schönen Familie der Magnolien zugehörende Baum hat seine Heimath vom südlichen Canada abwärts bis Florida, im nördlichen Canada kommt er nur strauchartig vor, da es ihm hier schon zu kalt ist.

Er erreicht auf günstigen Standorten eine Höhe von 35 bis 40 M. und bis 1,5 M. Durchmesser, und erhält sich selbst im freien Stande bis auf 15 M. schaftrein, mit stattlich abgewölbter Krone.

Die Blätter sind groß, glänzend grün auf der oberen, auf der unteren Blattseite matter, mit abgestutzten, ausgeschweiften Mittellappen. Die Blattstiele haben eine Länge von 5 bis 6 CM. und sind an ihrer Basis von zwei kleinen ovalen Nebenblättchen eingeschlossen. Die Blätter sind dick und fest, und von eigenthümlicher schöner Form.

Die Zwitterblüthe erscheint von Anfang Juni bis gegen Mitte August in Form einer weit aufgeblühten Tulpe an der Spitze der Zweige. Der Kelch besteht aus drei hohlen, grünlichen Blättern, die Blumenkrone aus sechs Blättern von grünlichweißer Färbung.

Der Fruchtzapfen, welcher gegen Ende October reift, ist kegelförmig, und der Samen mit einem lanzettförmigen Flügel umgeben, in dessen dickem Ende der kleine, grünlichweiße Kern eingeschlossen liegt.

Die Rinde ist dunkelgrau, in's Bräunliche spielend und sehr zähe, und werden aus ihr leichte, aber sehr dauerhafte Nachen verfertigt.

Das Holz ist leicht, bei jungen Stämmen weiß, bei alten Stämmen gelblich.

Es hat geringen Werth. Muldenhauer verarbeiten es zu leichten Mulden und Gefäßen.

Der Baum liebt frischen, humusreichen, aber leichten Boden; wo er dann aber auch sehr rasch wächst.

Hinsichtlich seiner ausnehmend decorativen Schönheit steht er der Platane völlig gleich, übertrifft diese sogar noch durch seinen imposanten Blüthenschmuck.

In Parkanlagen im Vordergrunde angebracht, als Gruppe oder Einzelbaum wirkt er durch die kräftige, volle Belaubung, welche den ganzen Sommer hindurch im schönsten Grün prangt, sehr effectvoll. Zum Alleebaum kann er ganz besonders empfohlen werden.

Vereinzelt vorkommende stattliche Bäume von 30 M. Höhe und 0,75 M. im Durchmesser findet man bereits in Norddeutschland.

Erfahrungen über die Cultur.

Den Samen beziehe man aus Italien oder den mittleren Staaten Nordamerika's, da er in Norddeutschland nicht zur Reife gelangt, richte die Saatbeete im Herbst zeitig vor, und säe womöglich noch vor Winter mit 1,5 CM. starker Bedeckung in 2 CM. tiefe Gräbchen, welche 15 CM. parallel neben einander liegen. Erhält man den Samen so spät, daß eine Aussaat im Freien nicht mehr möglich ist, so schichte man denselben in guter Erde in Töpfe ein und stelle letztere an geschützte Stellen in's Freie, und säe womöglich schon Ende März.

Samen, welche ohne solche Vorbereitung im Frühling zur Aussaat kamen, keimten erst gegen den Monat August, die meisten liegen aber bis zum andern Frühling, und man hat nur unreine Saatbeete und schlechten Erfolg.

Die einjährigen Sämlinge werden ganz wie bei der abendländischen Platane behandelt, und man hat binnen sechs bis sieben Jahren starke, stattliche Hochstämme.

---

16. Prunus virginiana. L. Virginische Traubenkirsche.
Rosaceae.

Dieser Kirschenbaum ist in Nordamerika vorzugsweise verbreitet zwischen dem 39. und 42. Grad nördl. Breite.

Er erreicht eine Höhe von 18 M. und 1 M. Durchmesser, und wächst dabei so schnell, daß bereits vierzigjährige Bäume zu Brettern verschnitten werden können.

Er liebt trockenen Standort, leichten Boden und bergiges Terrain.

Die Blätter sind länglich oval zugespitzt, deren Ränder fein gezähnt, beide Blattflächen glatt und glänzend, die obere von tiefer grüner Färbung.

Wenn die Belaubung gegen Mitte Mai erschienen ist, brechen erst die Blüthen hervor; sie sind weiß, von angenehmem Geruch, und sitzen in fast 8 CM. langen Trauben beisammen.

Die Frucht ist eine runde, glänzend schwarze Kirsche, die einen ovalen, steinartigen Samen enthält und Mitte bis Ende August reift.

Die Rinde ist rothbraun.

Das Holz ist sehr fest, von feiner Textur, bei starken Stämmen gelbbraun, meistens sehr schön gemasert, und nimmt eine feine und sehr zarte Politur an; auch wird es nie von Würmern angefressen.

Die aus diesem Baum geschnittenen Bretter werfen und reißen nicht. — Die Möbelschreiner schätzen dasselbe dem des schwarzen Wallnußbaumes fast gleich.

Neben seiner großen Nutzbarkeit gehört er seiner schönen Belaubung nnd seines imposanten Kronenbaues wegen zu den schönsten Parkbäumen; leider findet er sich als solcher noch selten.

Erfahrungen über die Cultur.

Man beziehe den Samen aus Nordamerika, bewahre ihn in luftig hängendem Samenbeutel bis zum Frühling, und säe von Ende März bis Mitte April in ein gut zubereitetes Beet. Bedeckung und Entfernung der Saatreihen wie beim Tulpenbaum.

Die Pflanzen erscheinen gegen Mitte Mai, und die Behandlung der einjährigen Sämlinge ist der Cultur der Eiche gleich.

---

17. Betula nigra. L. Die Schwarzbirke.
Amentaceae.

Diese Birke wächst in Nordamerika vom 40. bis 45. Grad nördl. Breite und höher am vollkommensten; südlicher nimmt sie an Stärke ab, denn die kälteren klimatischen Gegenden sagen ihr mehr zu.

Sie erreicht eine Höhe von 24 bis 27 M. und einen Durchmesser bis zu 1,5 M.

Ihr Standort sind hohe, bergige Lagen, auch nimmt sie mit mittlerem Boden vorlieb, wenn er nur etwas feucht oder vielmehr frisch ist.

Die Blätter sind länglich oval, der Rand ist doppelt gezähnt; die obere Blattfläche ist von dunklerem Grün, als die untere; beim Reiben geben sie einen aromatischen Geruch ab. Häufig stehen zwei Blätter mit ihren Blattstielen unten zusammen verwachsen.

Sie blüht Mitte Mai, weibliche und männliche Blüthen getrennt auf einem Stamme; die ersteren hängen in cylindrischen Kätzchen an den Spitzen der Zweige, während die männliche Blüthe an der Seite sitzt; Reifzeit Ende October. Das Samenbehältuiß ist ein 2 CM. lauger und 1 CM. dicker Zapfen, der mit unten abgerundeten, oben in drei Spitzen auslaufenden Schuppen zusannnengesetzt ist, zwischen denen der kleine, herzförmige, geflügelte Samen sitzt, welcher meist noch im Herbst abfliegt.

Die äußere Rinde ist glatt, bräunlich und bastartig, die darunter liegende dick und sehr zähe, so daß man aus letzterer leichte und sehr dauerhafte Nachen verfertigt.

Das Holz ist von enormer Zähigkeit, weiß und fest, wird als vortreffliches Nutzholz hoch geschätzt, und liefert zugleich ausgezeichnetes Brenn= und Kohlholz.

Ihr Wuchs ist bei weitem rascher, als der unserer deutschen Birken.

Als Parkbaum verdient unsere deutsche Birke den Vorzug, denn ihr silberweißer Schaft und die oftmals hängenden Zweige lassen den erwachsenen Baum in einer so eigenthümlichen Schönheit erscheinen, die den sämmtlichen nordamerikanischen Birkenarten fehlt.

Als Waldbaum empfiehlt sich die Schwarzbirke durch ihre enorme Raschwüchsigkeit, Zähigkeit und Stärkezunahme vor der unsrigen Birke wesentlich, und ist aus diesen Gründen ihr Anbau sehr zu empfehlen.

Erfahrungen über die Cultur.

Der directe Bezug des Samens verdient stets den Vorzug, am besten aus Canada. Man säe zeitig im Frühling auf gut zubereitete Saatbeete, und gebrauche zur Markirung der Saatreihen die 8 CM. breite Säelatte, stark augedrückt. Den Saatreihen gebe man 15 CM. Entfernung.

Den Samen bedeckt man mit durchsiebter feiner Erde (die noch mit $\frac{1}{3}$ Sand vermischt wird, um den Durchbruch der Pflanzen zu erleichtern) nur so stark, daß der Samen zum Theil noch sichtbar bleibt.

Ueber die Beete breite man Wirrstroh, und belege solches mit leichten Staugen, um die Bodenfeuchtigkeit zu erhalten und bei etwaigem Ueberbrausen die Erde nicht zu verdichten.

In sechzehn bis achtzehn Tagen erscheinen die jungen Pflänz=
chen mit zwei kleinen runden Blättchen, und dann ist es Zeit, die
Decke abzuheben, wozu man gerne bedeckten Himmel oder einen
regnerischen Tag wählt.

Mit zweitem Lebensjahre erreichen die jungen Sämlinge eine
Höhe von 25 bis 30 CM. und wird dann zu ihrer Verschulung
geschritten, die nach der Methode der Eichenzucht erfolgt; ohne die
Stämme jedoch zurückzuschneiden.

---

18. Castanea vesca americana. Laud. Amerikanische Edelkastanie.

Vorzugsweise kommt sie häufig vor im mittleren und südlichen
Canada, und meistens auf bergigen trockenen Standorten; in reinen
Beständen und auch gemischt mit anderen Holzarten, häufig mit
dem Hickorybaume verträglich zusammen wachsend.

Obgleich sie geringe Ansprüche an den Boden macht, und häufig
auf einem sandigen mit Kies gemengten Lehmboden sich findet, so
ist ihr Wuchs dennoch sehr rasch.

Sie gehört unter die Bäume erster Größe, denn sie erreicht
eine Höhe von 25 M. und wird bis 2 M. stark.

Die Blätter sind sehr lang, schmal lanzettförmig zugespitzt, die
Blattränder wellig und stark gezähnt, beide Blattflächen glatt von
imposantem Grün.

Bei jüngeren Pflanzen findet man an der Spitze des Blattes
eine bräunliche Schattirung, welche nach dem Blattstiel allmählig
verläuft. Das Blatt hat überhaupt nicht das Straffe und Com=
pacte des Blattes unserer Edelkastanie, denn es ist dünner und
zarter. Schon die junge einjährige Pflanze zeigt einen ganz ver=
schiedenen Wuchs, sie treibt bis zum ersten Herbst hin bereits zahl=
reiche und sehr dünne Seitenverzweigungen mit schlanker Stamm= und
Wipfelbildung, und weicht auch hierin unverkennbar von unserer
Edelkastanie ab.

Die Blüthe erscheint gegen Anfang Juni, und bereits gegen
Ende September reifen die Früchte; sie sind von trefflichem Ge=

schmack und geben da, wo sie in größern Beständen vorkommen, ein treffliches Mastfutter für die Schweine.

Die Nuß ist schwärzlich, meist rund und läuft in verlängerter Spitze aus.

Die Rinde ist grau, bei jungen Stämmen glatt, bei ältern gerissen. Das Holz ist weißlich in's Bräunliche spielend, und wird als vortreffliches Nutzholz geschätzt.

Es ist wohl keinem Zweifel unterworfen, daß sie größere Kälte= grade ohne allen Nachtheil erträgt, als unsere Edelkastanie, und da sie zu weit größern stattlichen Bäumen heranwächst als diese, so ist es zu wünschen, daß mit ihr Anbauversuche gemacht werden. Ihre Widerstandsfähigkeit gegen außergewöhnliche Kälte wurde wie= derholt durch den enormen Winter 1870—71 documentirt; da fünfjährige bereits früher verschulte Pflanzen von der deutschen Edelkastanie bis zur Wurzel herabfroren, während gleichalterige fünfjährige verschulte amerikanische Edelkastanien auf ganz glei= chem Standort nicht im Geringsten gelitten hatten. Bestä= tigt sich, daß ihre Fruchtreife auch in Norddeutschland in den Monat September fällt, so ist sie als eine ausgezeichnete Acquisition zu betrachten, und würde unsere deutsche Edelkastanie, deren Früchte nur höchst selten reifen, im vollsten Maße ersetzen.

Die Abweichungen in der Blattform, in der Zweig=, Wipfel= und Stammbildung, sowie in der Fruchtform geben wohl hinreichende Veranlassung, sie als eine besondere Species zu bezeichnen.

Erfahrungen über deren Cultur.

Den Samen bezieht man aus Canada, denn auf unserm Con= tinent ist sie fast noch fremd.

Die Saatfrüchte werden bis zum Frühling in sandige Erde eingeschichtet und an einem frostfreien Orte durchwintert.

Vor der Aussaat werfe man dieselben in ein Gefäß mit Wasser und lege nur die zu Boden sinkenden, alle übrigen, welche oben= auf schwimmen, sind stockig und unkeimfähig.

An der äußern Fruchtschaale läßt sich die Keimfähigkeit nicht mit Sicherheit erkennen.

Diejenigen, welche im Winterlager bereits Keime getrieben haben, sind die vorzüglichsten.

Drei Monate alte Pflanzen haben bereits eine Höhe von 25 CM., und beginnen dann schon pyramidalgestellte Seitenverzweigungen und einen schlanken Wipfel zu treiben.

Einjährige Pflanzen haben zum Herbst meist eine Höhe von 45 bis 50 CM., während die deutsche Edelkastanie als einjährige Pflanze nur sehr selten eine Höhe von 25 CM. erreicht.

Aussaat und Erziehung zum Hochstamm wie bei der Eiche angegeben, jedoch findet ein Zurückschneiden des Stämmchens nicht statt.

Dieser stattliche Baum wird, wenn er erst häufiger angebaut wird, Verwendung in Park und Wald finden, und wie unsere deutsche Edelkastanie, auch zur Anlage von herrlichen Alleepflanzungen benutzt werden.

Im Park pflanze man sie einzeln oder als Gruppe.

---

19. Gleditschia triacanthos. L. Dreidornige Gleditschia.
Leguminosae.

Ihre Heimath ist vorzugsweise New-York, Pensylvanien und New-Yersey.

Sie erreicht eine Höhe von 15 M. und bis fast 1 M. im Durchmesser.

Die Rinde ist glatt und hellgrün bei jungen Stämmen, im Alter dunkel und wenig gerissen.

Die Blätter sind klein, länglich oval, paarweise an der Rispe stehend und oben abgerundet, beide Flächen glatt, von glänzend hellgrüner Färbung; mit Sonnenuntergang legen sie sich zusammen.

Die Gleditschia ist mitunter ganz männlichen, weiblichen, oder Zwittergeschlechts; die Blüthe erscheint im Mai und der Samen reift im October. Das Samenbehältniß ist eine 25 bis 30 CM. lange Schote, schwertförmig bis 4 CM. breit, von gelblichröthlicher Farbe, deren Schaale eine klebrige honigartige Materie von häßlichem Geschmack enthält, und in welcher 12 bis 20 lange, ovale, schwärzlich bohnenartige Samen sich befinden.

Einen halben Zoll über den Blätterknospen jüngerer Zweige stehen bis 7 CM. lange zurückgebogere Stacheln hervor, die oben in drei Spitzen sich theilen.

Ihr Anbau hat keine Schwierigkeiten, da der Samen nicht theuer, und in guter Qualität leicht zu haben ist.

Für Tischler, Instrumentenmacher 2c. ist das schöne orangen=gelbe, mit braunen Flammen und Adern durchzogene Holz, da es zugleich eine zarte Politur annimmt, von unschätzbarem Werth, und steht dem Holze des schwarzen Wallnußbaums im Werthe gleich. Außerdem ist das Holz eines der härtesten und findet da=her auch in der Wagnerei häufig Verwendung.

Die Gleditschie liebt sandigen humusreichen feuchten oder doch frischen Boden und verdient vorzugsweise besondere Beachtung zur Anlage von Alleen, da bei ihrer zartgefiederten Belaubung das Abtrocknen der Wege unter ihr sehr begünstigt wird.

Ihre doppelt gefiederte Belaubung hat viel Aehnliches mit der der echten Acazie. Die zarte Construction ihrer Belaubung läßt allenthalben das Sonnenlicht gebrochen durch, und ist in Folge dessen die Beschattung eine sehr mäßige, ihr Kronenbau ist ein weit ausgebreiteter und stellen sich ihre Aeste im Alter weit abwärts; man placire diesen schönen Parkbaum immer so, daß er das volle Sonnenlicht genießen, und sich nach allen Richtungen hin unbehin=dert entwickeln kann.

Wenn im jugendlichen Alter die jüngern Triebe oftmals nicht vollständig verholzen, und in Folge dessen durch Frost leiden, so schadet dies um so weniger, da bei zunehmendem Alter des Baumes solches nicht mehr vorkommt.

Erfahrungen über deren Cultur.

Zum Samenbezuge hat man auch in Deutschland Gelegenheit, da solche hier fast alljährlich reifen.

Die Saat findet frühzeitig ganz nach den Vorschriften wie bei der Edelkastanie statt, nur bedecke man denselben nicht stärker als 2 CM. Er keimt sehr ungleich, und man kann im ersten Jahre auf nur etwa 30 bis 40 Procent Pflanzen rechnen, viele kommen noch im zweiten, selbst dritten Jahre zur Keimung.

Man verschule die Pflanzen wenn sie zweijährig sind ganz nach den Vorzeichnungen wie bei der Eiche, ohne die Stämmchen zurückzuschneiden und pflanze in quadratischer Entfernung von 30 bis höchstens 40 CM.

20. Acer Negundo. L. Eschenblättriger Ahorn.
Acerineae.

Der eschenblättrige Ahorn kommt vorzugsweise vor in den nördlichen Staaten Nordamerika's; er erreicht eine ansehnliche Höhe bis zu 25 M. und bis 1 M. Stärke.

Die gefiederten Blätter sind eirund, grobgesägt und von hellgrüner Färbung, die im Herbst successive in prachtvolles flammendes Gelb übergeht.

Die getrennten Blüthen erscheinen gleichzeitig mit dem Ausbruch der Blätter, die männlichen in schlaffen Doldentrauben, die weiblichen in langen hängenden Trauben. Die Samen, welche im October reifen, sind klein mit abwärts stehenden Flügeln.

Die Rinde der jungen Stämmchen, wie auch die der jüngeren Verzweigungen älterer Bäume, ist lebhaft grün gefärbt.

Der Baum gehört mit zu den schönsten Park- und Alleebäumen, verlangt aber, wenn er rasch und üppig gedeihen soll, frischen, humusreichen Boden.

Die lebhaft grüne Färbung seiner Belaubung wie jüngern Zweige, zeichnet ihn vor allen andern Baumarten aus. Die allmählig im Herbst in flammendgelbe Färbung übergehende Belaubung ist von effectvoller Wirkung und trägt zur Verschönerung einer Landschaft wesentlich bei; sowie auch im entblätterten Zustande die einförmige Winterlandschaft durch die lichtgrünen Verzweigungen sehr belebt wird. Besonders schön sind Gruppen angebracht vor dunkles Tannengehölz im Park.

Der eschblättrige Ahorn ist leicht aus Stecklingen zu erziehen, um aber mit Sicherheit große und stattliche Bäume zu erhalten, verdient die Erziehung aus Samen den Vorzug.

Die Aussaat wie die Heranbildung von Hochstämmen ist im Verfahren ganz analog mit der Anzucht des Tulpenbaumes.

Eine Varietät, Acer Negundo foliis argenteis variegatis, mit silberweiß- und grüngezeichneten Blättern, gehört zu den schönsten Neuheiten unter den Parkbäumen, die Belaubung ist wahrhaft prächtig.

Dieser silberweißbunte Ahorn scheint indeß zarter als die Stammart, man wähle daher zur Anpflanzung geschützten Standort.

21. Acer purpurascens. Purpurblättriger Ahorn.

Aus dem mitleren Nordamerika, erreicht eine Höhe von 15 M. bei entsprechender Stärke. (Eine constante Varietät des Acer rubrum. L.)

Die große, tiefgrüne, lappige Belaubung ist auf der unteren Blattseite schön purpurroth.

Unter den Bäumen mit gelappten Blättern ist er wohl der schönste und kann, da er auch eine schön gewölbte Krone bildet, zu Park- und Allee-Anlagen wegen seiner decorativen Belaubung nicht genug empfohlen werden.

Samen noch selten, die Anzucht junger Stämme ganz wie bei dem Vorigen.

22. Gymnocladus canadensis. Michx. Canadischer Eisen- oder Schusserbaum.

Legominoseae.

Dieser schöne Parkbaum hat seine Heimath in Canada's Wäldern, wo er vereinzelt vorkommt.

Er erreicht eine Höhe bis zu 20 M. und einen Durchmesser bis 1 M.

Die bis 70 CM. langen doppelt gefiederten Blätter sind eirund, langespitzt, ganzrandig, glatt und von bläulichem Grün.

Die Blüthe ist weiß und erscheint Ende Mai in winkelständigen Trauben. Die Früchte sind herzförmig plattgedrückt, mit einer gelblichbraunen glatten Schale umkleidet, in der der weiße Samenkern fest eingeschlossen liegt; beim Schütteln mehrerer Samen geben sie einen metallischen Klang.

Die Rinde ist bei älteren Bäumen bräunlichgrün schattirt und wenig gerissen; die Aeste sind knotig mit tiefen Blattnarben, bläulichaschgrau. Das Holz ist von enormer Schwere, sehr dicht und ungemein fest.

Er ist unzweifelhaft einer der schönsten Parkbäume mit gefiederten Blättern, und es ist auffallend, daß er noch so selten angepflanzt wird.

Seine Anzucht ist leicht, wenn man frische Samen aus Canada bezieht und das Verfahren so in Anwendung bringt, wie bei der Erziehung der amerikanischen Edelkastanie vorgezeichnet ist.

Der Schusserbaum gedeiht am besten in einem frischen, tiefen, humusreichen, nicht zu schweren Boden. In einer der Sonne zu sehr exponirten Lage und in trocknen Bodenarten verkümmert er und macht nur geringe Triebe.

Die Verzweigungen stehen sperrig, und entwickelt er überhaupt in seiner Krone wenige aber starke Aeste, deren weite Zwischenräume durch die enorm großen Blätter vollkommen ausgefüllt werden, so daß er doch dichten Schatten gewährt.

23. Liquidambar styraciflua. L. Amerikanischer Amberbaum.
Amentaceae.

Sein Vaterland sind die südlichen Staaten Nordamerika's bis Mexico. Er erreicht die Dimensionen unserer deutschen Eichen.

Die Blätter sind handförmig gelappt, zugespitzt, gesägt, mit langem Blattstiel; die Blattader roth; die mattgrüne Blattfärbung geht zum Herbst in tiefes Roth, fast Schwarzroth über.

Die Blüthezeit fällt in den Monat März, und haben die Blüthen eine safrangelbe Farbe.

Er ist wie Gymnocladus canadensis noch selten in Parkanlagen zu finden, was bei seiner großen Schönheit Veranlassung geben sollte, ihn häufiger anzupflanzen.

Sein Kronenbau ist dem der Birke ähnlich, mehr hoch als

hoch als breit, und wird er besonders dazu empfohlen, ihn als Ein=
zelbaum auf Rasen zu pflanzen.

Am besten gedeiht er in einem feuchten, humusreichen Boden,
am Rande der Flußufer oder Teiche.

Die Anzucht geschieht mittelst importirten Samens, in der Art
und Weise wie die des Tulpenbaums; nur mit schwacher Bedeckung.

23a. Ailanthus glandulosa. (Desf.) Drüsiger Götterbaum.
Therebinthaceae.

Ein Baum bis 18 M. Höhe und entsprechendem Durchmesser
von ungemeiner Raschwüchsigkeit, aus dem nördlichen China und
Japan stammend.

Die weißgrauen Aeste sind weiß punktirt, sehr stark und steif,
die unpaar gefiederten Blätter werden oftmals über 60 CM. lang,
und stehen die Blättchen 12 bis 15 Paar und oft weit mehr in
der Blattrispe; sie sind eirund lanzettförmig, zugespitzt, an der
Basis mit drüsigen Zähnen bekleidet.

Die Zwitterblüthen stehen gemischt in gipfelständigen Rispen
von grünlichgelber Farbe, im Juni und Juli. Die kapselähnliche
Frucht hat einige Aehnlichkeit mit den Wallnüssen.

Dieser so sehr schöne Parkbaum mit seinen in der Jugend auf=
wärts strebenden Aesten und prachtvoll gefiederten Blättern liebt
vor Allem einen tiefen, sandigen Boden und gedeiht in solchen,
selbst in trockenen Lagen, vortrefflich, während er in schwerem und
zu feuchtem Boden verkümmert und fast immer an den jüngsten
Trieben zurückfriert. Man gebe ihm zugleich einen sonnigen und
freien warmen Standort; als Einzelbaum auf Rasen ist er von
großem Effect; ebenso in kleineren Gruppen von fünf bis sieben
Stämmen, mit einem Abstand von 3 bis 4 M. Entfernung.

Die Belaubung dient als Futter für die aus China neuerdings
eingeführte Fagara=Seidenraupe, Bombyx Cynthia, zu diesem
Zwecke wird der Götterbaum heckenartig cultivirt, worauf die Rau=
pen im Freien leben.

Die Anzucht aus Samen ist ganz wie die der abendländischen
Platane, nur daß die Bedeckung 0,5 CM. betragen darf; auch können

die Pflanzen bereits einjährig verschult werden, wobei man die Pflanzreihen 50 CM. weit nimmt, und in den Reihen die Stämmchen in einer Entfernung von 30 CM. einpflanzt.

24. Magnolia tripetala. L. Dreiblättriger Sonnenschirmbaum.
Magnoliaceae.

Er stammt aus Carolina, Pensylvanien ꝛc., und erreicht eine Höhe bis zu 18 M. und 0,5 M. Durchmesser.

Die prachtvoll grünen Blätter erreichen eine Länge von 40 CM. und bis 12 CM. Breite; sie sind verkehrt eirund, lanzettförmig, zugespitzt, auf der unteren Blattseite weichhaarig, am Ende der Zweige schirmförmig ausgebreitet gestellt.

Die bis 8 CM. im Durchmesser große Blüthe, welche im Juni und Juli erscheint, ist weiß, die äußeren Petalen zurückgebogen.

Sie ist hinsichtlich ihrer Belaubung unter den vielen Arten die schönste, und vollkommen unempfindlich gegen unsere Kältegrade.

Die carminrothen Zapfen, welche im Monat October reifen, sind noch eine besondere Zierde des ohnehin so schönen Baumes, und fallen schon weithin in's Auge, da sie eine Länge von 10 CM. erreichen.

Er liebt leichten, aber humusreichen und frischen Boden, und zugleich einen gegen heftige Winde geschützten Standort, damit die prachtvollen Blätter nicht zerrissen werden.

Er bringt seinen Samen auch in Norddeutschland bei günstigen Sommern zur Reife; man thut wohl, denselben im Herbst mit Erde eingeschichtet, in Töpfen in's Freie gestellt, zu überwintern, und dann frühzeitig, gegen Mitte April, auf gut zugerichtete Saatbeete zu säen; eine Bedeckung der Samen von 1 CM. genügt, und wird bei der Anzucht ganz so verfahren, wie beim Tulpenbaum.

Wenn es thunlich ist, so lege man das Saatbeet dahin, wo die jungen Pflanzen halbschattig stehen; auch ist eine ähnliche Lage für das Pflanzbeet auszuwählen, wo mau die zweijährigen Sämlinge zur Verschulung bringt. Eine mehrmalige Ueberdüngung mit alter Rasenasche, die beim Lockern der Pflanzbeete mit untergehackt wird, begünstigt ungemein das Wachsthum und schafft großen Wurzelreichthum.

Bei guter Pflege hat man binnen fünf bis sechs Jahren kräftige, 1 bis $1\frac{1}{2}$ M. hohe Stämme, die sich dann vortrefflich dazu eignen, an die bleibende Stelle gepflanzt zu werden, ist der Transport dahin nicht zu entfernt, so pflanze man mit Ballen.

25. Ulmus americana. L. Amerikanische Rüster.
Urticeae-Ulmaceae.

Ein prachtvoller Baum aus Nordamerika, von 25 bis 30 M. Höhe und 1 M. stark werdend.

Die doppelt gesägten und unterhalb weichhaarigen Blätter vom schönsten glänzenden Grün haben eine Länge von 12 CM. Die jungen Zweige sind fein behaart; die ziemlich langgestielte Blüthe erscheint vor dem Ausbruch der Blätter, und die Fruchtreife fällt meistens noch in den Monat Juni oder Juli.

Die an älteren Stämmen wenig gerissene Rinde ist dunkelgrau, mit hellbraunen Flammen.

Sie gehört mit zu den schönsten Park- und Alleebäumen, denn ihre Aeste stehen malerisch auswärts im Bogen gekrümmt, und bilden eine offene, tief eingeschnittene Krone. Sie ist außerordentlich raschwüchsig und erreicht bereits auf angemessenem Standort eine Höhe von 25 M. mit dreißigjährigem Alter.

Die Anzucht dieser schönen Ulme geschieht ganz in der Art und Weise, wie die der Betula nigra, indeß darf die Samenbedeckung etwas stärker sein; auch kann die Aussaat sogleich nach der Samenreife vorgenommen werden, denn die Stämmchen erstarken noch hinlänglich, um den Winter unbeschädigt auszuhalten. Die Aufbewahrung des Ulmensamens bis zum Frühling hat manche Schwierigkeiten.

25a. Catalpa syringaefolia. (Sims.) Fiederblättriger Trompetenbaum.
Bignoniaceae.

Ein herrlicher Zierbaum, welcher in Florida, Carolina und Virginien seine Heimath hat, und eine Höhe bis zu 15 M. erreicht.

Die Blätter sind enorm groß, herzförmig, zu dreien um die Zweige stehend, von herrlich grüner Färbung. — Die Blüthen sind weiß, am unteren Ende der Corolle röthlich geadert, in langen Blüthendolden hängend. Beim Ausbruch der Blätter sind dieselben röthlich.

Er liebt einen freien, sonnigen Standort, und leichten, humus=reichen Boden, damit das jüngere Holz der Triebe bis zum Winter gut ausreifen kann.

Die Blüthezeit fällt in die Monate Juni und Juli.

Er gehört zu den schönsten Parkbäumen, auch wegen seiner geringen Größe für kleinere Anlagen passend, und pflanzt man ihn einzeln, oder in kleineren Gruppen von fünf bis sieben Stämmen, deren Entfernung unter sich 4 bis 5 M. betragen kann.

Das Zurückfrieren der jüngeren, ungenügend verholzten Triebe findet bei älteren Bäumen nicht mehr statt.

26. Robinia pseudo Acacia. L. Gemeine Acazie.
Leguminosae Papilionaceae.

Dieser so überaus werthvolle Baum, dessen Anbau noch immer nicht die genügende Aufmerksamkeit zugewandt wird, veranlaßt mich am Schlusse der fremdländischen Laubhölzer, ihm noch einen Platz ein=zuräumen, einestheils, um seinen hohen technischen Werth darzu=legen, andererseits, um seine Cultur nach bewährten practischen Principien mitzutheilen.

Die Acazie gehört unter die Bäume zweiter Größe, denn sie erreicht unter günstigen Standorts=Verhältnissen eine Höhe bis zu 22 M. und eine Stärke bis zu 0,75 M.

Die Rinde ist bei starken Stämmen dunkelgrau, breit und tief gerissen, zähe und dick.

Ihre Schmetterlingsblüthen erscheinen Anfang Juni, und fünf=zehn bis fünfundzwanzig dieser weißlichen, jasminartig riechenden Blüthen hängen an 1 CM. langen Stielen traubenförmig zusammen. Die Blüthezeit dauert bei trockener Witterung fast vier Wochen, bei häufigem Regen weit kürzere Zeit.

Die gegen Ende November reifen schwärzlichen Samenschoten haben eine Länge von 6 bis 7 CM. Der in ihnen liegende Samen ist nierenförmig, von brauner Farbe, und hängt fadenartig an der inneren Naht des Samenbehältnisses.

Die Blätter sitzen meist gegenseitig, elf bis dreizehn an einem rispenartigen Blattstiel, sie sind von ovaler Form, in der Spitze fein gekerbt, von sammetartigem Hellgrün, die untere Blattseite weißlichgrün. Nachts legen sich die Blätter meistens zusammen. Blätter und Blüthen erscheinen fast gleichzeitig.

Die Aeste, namentlich aber alle jüngeren Zweigproductionen sind stark bedornt.

Das Holz ausgewachsener Stämme ist hellgelb, mitunter in's Graue spielend, und oftmals mit blaß=purpurfarbenen Adern durch= zogen. Der Splint ist von noch hellerem Gelb, als der innere Holzkörper.

Die Acazie treibt keine eigentliche Pfahlwurzel, entwickelt aber starke, weitgehende Nebenwurzeln, die in tiefgründigem Boden 60 CM. und noch tiefer unter der Bodenoberfläche fortgehen und viele Faserwurzeln treiben.

Das Vaterland dieser vortrefflichen Holzart ist der wärmere Theil Nordamerika's, vorzugsweise sind es die Länderstriche zwischen dem 39. und 43. Grad nördl. Breite; sie hat aber diese Grenzen sowohl südlich als nördlich vielfach und zum Theil weithin über= schritten.

Das splintfreie Holz der älteren Stämme ist schwer und so fest, daß im trockenen Zustande der Hobel nur sehr schwer faßt, es ist fester als das beste Eichenholz, dabei der Fäulniß schwer zugänglich, dem Wurmfraße nicht unterworfen, und von ungemeiner Elasticität.

Die Acazie ist wohl nur die einzige bekannte Holzart, die bei außergewöhnlich raschem Wuchse manche werthvollen Eigenschaften besitzt, welche mehr im tropischen Klima wachsenden Hölzern eigen sind.

Daher ist nun auch ihr technischer Verbrauch ein sehr vielseitiger, denn sie wird in ihrer Heimath zu Schwellen und Ständern der unteren Stockwerke der Gebäude, zu Grund= und Wasserbauten als ausgezeichnet haltbar gerühmt, sowie zu allem Material gern genommen, welches Schiffbauer, Tischler, Drechsler und Wagner verarbeiten.

Besonders geeignet ist es zum Täfeln der Wände und Fußböden; schwächere Stämme liefern ausgezeichnete Säulen und ungemein haltbare Brunnenröhren, gerade Asttriebe dauerhafte Wein- und Obstbaum-Pfähle.

Abgehobelt und abgeschliffen nimmt das ältere Holz eine feine und zarte Politur an, und empfiehlt sich seiner schönen Färbung halber zu Fournirholz in der Möbelfabrikation, da massive Arbeiten zu schwer werden; auch aus letzterem Grunde wird es zu Bauholz in den oberen Stockwerken der Gebäude weniger benutzt.

Als Brennholz liefert es eine sehr heftige Hitze, welche jedoch nicht lange andauert, und gleicht hierin etwa unserem Birkenholz.

Soll die Acazie in verhältnißmäßig kurzer Zeit ihre vollkommene Stammausbildung erreichen, so verlangt sie leichte Bodenarten, namentlich sagt ihr ein sandiger, tiefer, humusreicher Lehmboden zu, der zugleich eine mäßige Frische besitzt, und in dem sie denn auch erstaunenswerthe Wachsthums-Verhältnisse zeigt.

Da ihre Bewurzelung bis auf einen Meter in die Tiefe dringt, so würde man auf flachgründigem Boden nur zu geringen Resultaten gelangen.

Schwerer Thonboden ist für die Acazie der unpassendste Standort, hier erkrankt sie bald, zeigt einen krüppelhaften Wuchs und geht nach wenigen Jahren ein.

Wenn man sich daran erinnert, daß bereits vor beinahe zweihundert Jahren die Acazie auf unserem Continent eingeführt ist, so muß man erstaunen, wie geringe Verbreitung dieselbe bis jetzt erreicht hat, indem sich solche meistens nur auf Anpflanzung zu Park- und Schmuckbäumen ausdehnte, wozu deren äußere eigenthümliche Schönheit, weniger deren höchst werthvolle technische Eigenschaften, Veranlassung gegeben haben.

Um über den Werth der Acazie mir ein unbefangenes und sicheres Urtheil zu verschaffen, wandte ich mich an das Departement des Ackerbaues in Washington, und erhielt bereitwilligst einen in

englischer Sprache abgefaßten Bericht, den ich hier in der Ueber=
setzung wörtlich folgen lasse, um zu zeigen, wie die Acazie in ihrem
Vaterlande vor andern nordamerikanischen Hölzern hoch geschätzt ist.

Departement des Ackerbaues.
Washington, den 14. April 1868.

Mein Herr! Ich habe mich zu dem Empfang Ihres ver=
ehrlichen Schreibens vom 8. v. Mts. zu bekennen, wo Sie über
den Werth des Acazienholzes in den Vereinigten Staaten anfragen.

Zur Antwort habe ich zu erklären, daß der Locust*) das
stärkste Bauholz ist, was man in den Vereinigten Staaten finden
kann, und giebt es nichts Besseres zu Nägeln und Pflöcken zur
Befestigung der Schiffsplanken, weder in der alten noch neuen Welt.

Es zeichnet sich aus durch Härte, Unverwüstlichkeit und
Zähigkeit, und wird hauptsächlich zum Bug, d. h. Plankenhölzern
der Schiffe erster Klasse genommen.

Die Kleinheit seines Wuchses nebst seinem außerordentlichen
Preise verhindert einen ausgedehnteren Verbrauch des Locusts
zum Schiffsbau.

Es wächst jedoch angemessen rasch bis dahin, um solches als
Einfriedigungspfosten zu benutzen, und wird wegen der unüber=
troffenen Dauerhaftigkeit für diese Zwecke in unserem
Lande häufig cultivirt.

Wegen der größeren Dauerhaftigkeit des Locust, im Vergleich
zu der weißen Eiche und anderer Hölzer, würde man sie gern
zu Eisenbahnschwellen verwenden, wenn man sie nur in hin=
reichender Größe und größeren Quantitäten haben könnte, und
der hohe Preis des Holzes nicht das größte Hinderniß wäre.

In unsern Prairie=Staaten, wo Bauholz sehr rar ist, zieht
man den Lokust des rascheren Wachsthums wegen allen andern
vor, weil solcher fähig ist, in drei bis vier Jahren gegen die
starken Winde im Winter zu schützen, und erhält dadurch auch
hinreichend Feuerungsmaterial.

---

*) In Nordamerika heißt die Acazie The Locust Tree.

In der Brennkraft steht es unserem besten Hikoryholze etwas nach, ich bin jedoch augenblicklich nicht in der Lage, die Heizkraft desselben vergleichlich mitzutheilen.

Unsere Erfahrung über die Anzucht des Locusts in den Vereinigten Staaten, besonders in den Nordwest-Staaten, hat uns gelehrt, daß der Baum in dem Alter von fünf bis sechs Jahren von dem Locust-Käfer (Clytus flexuosus) angegriffen wird, welcher in wenig Jahren den Baum zerstört.

Horace Capron,
Commissionair.

Aus diesen Mittheilungen geht zur Evidenz hervor, daß die Acazie — hinsichtlich ihres technischen Werths — unter den bis jetzt eingeführten frembländischen Hölzern allen nicht allein vorausteht, sondern auch Deutschland eine Holzart nicht aufzuweisen vermag, welche alle die guten Eigenschaften vereint besitzt, die der Acazie eigen sind.

Die ungemeine Dauer und Festigkeit dieses Holzes in der Erde findet schon dadurch volle Bestätigung, daß man in den Vereinigten Staaten dieser Holzart zu Einfriedigungs-Pfosten vor allen andern den Vorzug giebt, und daß man sie auch eben so gern zu Bahnschwellen verwenden würde, wenn das Holz dazu nicht zu theuer, und in genügenden Quantitäten zu haben wäre.

Wenn nun auch zu diesem letzten Zweck in Deutschland keine genügenden Vorräthe vorhanden sind, so bleibt es denn doch unbegreiflich, und kann wohl nur die ungenügende Kenntniß der so vortrefflichen Eigenschaften dieser Holzart als alleinige Ursache vorliegen, warum man nicht schon längst daran gedacht hat, dem Acazien-Anbau alle Aufmerksamkeit zuzuwenden, um möglichst hinreichendes Material zur Herstellung von Bahnschwellen zu erziehen, und somit zugleich die ohnehin sehr angegriffenen deutschen Eichenwälder zu entlasten.

Wenn man den enormen alljährlichen Verbrauch zu den Reparaturen bereits bestehender Eisenbahnen, und dazu das erforderliche Material fortwährend neu entstehender Anlagen berücksichtigt, so hat man alle Ursache, der Befürchtung Raum zu geben, daß die deutschen Eichenwälder diese vergrößerten Ansprüche auf die Dauer nicht zu erfüllen vermögen.

Um so mehr ist es zu beklagen, daß die Eisenbahn=Verwaltungen, denen ein so enormes Terrain zum Anbau der Acazie zur Disposition steht, nicht längst Hand anlegten, um ein billiges und höchst dauerhaftes Material selbst zu erziehen, da ihnen das Terrain der Böschungen, der Einschnitte und Dämme dazu vielfache Gelegenheit bietet. Vor Allem sind es die Dammaufschüttungen, deren Böschungsseiten der Acazie einen tiefen und lockeren Boden darbieten, und auf solchem Terrain würde sie bereits in dem kurzen Zeitraum von zwanzig bis längstens fünfundzwanzig Jahren mehr als hinreichende Stärke besitzen, um zur Bahnschwellen=Fabrikation Verwendung zu finden.

Bereits seit längeren Jahren mit der Anzucht und dem Anbau der Acazie in umfangreicher Weise beschäftigt, lasse ich zur Vervollständigung die auf eigene Erfahrungen gestützten Regeln zur Cultivirung, welche am raschesten und sichersten zum Ziele führten, in kurzen Umrissen folgen.

Vorzeichnungen zum Pflanzschulbetriebe lasse ich unerörtert, da der Anbau auf Eisenbahnterrrain, welches privativ und nicht mit Berechtigungen Anderer belastet ist, aus gut gehaltenen Saat=schulen mit hinreichend erstarkten Sämlingen dem Zweck vollkommen entspricht und zur Heranbildung trefflichen Pflanzmaterials ausreicht.

a. Bodenvorbereitung zur Saatschule.

Die dazu bestimmte Bodenfläche, sie möge nun bereits culti=virtes Ackerland, oder noch uncultivirter Boden sein, muß auf eine Tiefe von 12 Zoll rijolt werden.

Diese Bodenumwendung geschieht immer so frühzeitig, daß eine Zersetzung der untergebrachten Pflanzenreste und eine Verbesserung des Bodens durch mechanische und atmosphärische Einflüsse statt=finden kann, mithin mindestens sechs Monate vor der Saatanlage.

b. Der Samenbezug.

Der Samen ist billig, kostet pro Pfund 5 bis 6 Groschen, und gehören auf den Morgen 20 bis 25 Pfund.

Besonders empfiehlt es sich, den Samen nur von solchen Bäumen zu erndten, wo man die Gewißheit hat, daß sie nicht von Wurzel= ausläufern herrühren, sondern aus wirklichen Samenpflanzen ent= standen sind; indem man an ersteren geringere Wachsthums = Ver= hältnisse beobachtet hat und auch eine kürzere Lebensdauer befürchtet.

Aus diesen Gründen empfiehlt es sich, den Samenbedarf unter Aufsicht von kräftigen und im besten Alter stehenden Bäumen zu entnehmen; die Samenträger müssen sich daher durch ein mittleres Alter, Gesundheit und langschaftigen, schönen Wuchs auszeichnen; dies ist um so mehr zu beachten, da die Eigenschaften des Mutter= baumes durch den Samen möglicherweise fortgepflanzt werden könnten.

c. Die Aussaat.

Nachdem die Saatfläche unmittelbar kurz vor der Aussaat noch= mals durchgehackt und fein abgeeggt ist, legt man einen 1 M. breiten, rechtwinklig in's Kreuz laufenden Hauptweg an, und zieht mit einem Marquer 36 CM. entfernte, parallel laufende Linien, auf denen mit einer 10 CM. breiten Säelatte die Saattrillen 0,5 CM. tief eingedrückt werden.

Der Samen wird 24 Stunden vor der Aussaat in Regen= oder Flußwasser eingelegt, die oben schwimmenden tauben Körner abgeschöpft, und nachdem derselbe eben lufttrocken geworden, wird zur Aussaat in der Art geschritten, daß etwa auf 2 ☐ CM. ein Samenkorn fällt; die 1 CM. starke Bedeckung erfolgt sofort und wird mit der Säelatte nochmals sanft angedrückt, um die Samen vollkommen mit Erde zu umschließen.

Da die jungen Acazienpflanzen leicht durch Spätfröste leiden, so wähle man als die geeignetste Zeit zur Saat den Zeitraum vom 10. bis 15. Mai, gegen Ende dieses Monats erscheinen die jungen Pflanzen mit zwei rundlichen Keimblättern.

d. Die Einfriedigung.

Die zweckmäßigste und dauerhafteste Einfriedigung besteht aus 2 M. langen und 1 M. hohen, aus geschnittenen Fichtenlatten zu=sammengesetzten Stacketen; die 1 M. hohen Latten werden auf zwei geschnittene Querlatten mit Drahtnägeln aufgenagelt, so daß die Ent=fernungen nur 6 CM. betragen. Die Pfähle aus Fichtenholz in einer Stärke von 10 CM. und 2 M. entfernt eingesetzt, dienen zur Befestigung dieser Stackete mit Drahtnägeln.

Eine solche Einfriedigung ist leicht transportabel und kann an andern Orten mit wenig Mühe wieder aufgestellt werden.

Mit Steinkohlentheer angestrichen, dauern solche Stackete nahezu an 20 Jahre.

e. Weitere Pflege im ersten Sommer.

Diese beschränkt sich vorzugsweise auf Reinigung und Lockerung des Bodens, und ist es zweckmäßig und sehr zu empfehlen, durch Ueberstreuen mit Rasenasche die jungen Pflanzen in ihrem Wachs=thum zu unterstützen.

Die Erzeugung einer größeren Menge von Faserwurzeln in der oberen Bodenschicht wird besonders durch diese Beimischung begünstigt, indem man hier eine große Menge von leicht aufnehm=baren Ernährungsstoffen den jungen Pflanzen darbietet.

Gegen Ende Juni, wenn die jungen Pflanzen bereits die Höhe von 5 bis 6 CM. erreicht haben, verdünnt man die Saatreihen durch Ausziehen der Pflanzen in der Weise, daß jede überzuhaltende Pflanze einen Wachsraum von etwa 15 □ CM. behält, wobei man die Rücksicht vorwalten läßt, nur immer die kräftigsten Pflanzen überzuhalten.

Dieses ist ein empfehlenswerthes Verfahren, um ein gleichmäßig kräftiges und gut ausgebildetes Pflanzmaterial mit Sicherheit zu erziehen.

Bei dieser Pflege erreichen die Pflanzen bis zum Ende ihrer ersten Vegetationsperiode die durchschnittliche Höhe von 30 bis 40 CM.

f. Weitere Pflege im zweiten Sommer.

Wiederholte Lockerung und Reinigung der Saatanlage, die in gewissenhafter Weise zur Ausführung gelangen muß, ist die einzige Arbeit.

Kann eine nochmalige Ueberdüngung der Saatanlage im Frühling mit Rasenasche erfolgen, so darf man auf eine noch reichere Bewurzelung mit Sicherheit rechnen.

Mit Ende dieser zweiten Vegetationsperiode haben die Pflanzen eine Durchschnittshöhe von 2 bis 2,5 M. erreicht, und sind nun vollkommen so weit herangebildet, um im nächsten Frühling an die bleibende Stelle versetzt zu werden.

g. Die Pflanzung zum Bleiben.

Sobald der Boden im Frühling frostfrei und abgetrocknet ist, also mit Anfang April, unter günstigen Witterungs-Verhältnissen auch wohl schon Ende März, beginnt man mit dem Ausheben der Pflanzen, welches mit massiven eisernen, an der Schärfe verstählten Rodeschuten unter möglichster Schonung der Wurzeln geschieht.

Das nur mäßige Beschneiden der Wurzeln wird mit scharfer Astscheere vorgenommen, wobei nur die abgestoßenen Wurzelstümpfe so nachzuschneiden sind, daß ihre Abschnittsflächen dem Boden des Pflanzlochs gegenüberstehen, und die an den Abschnittsenden neu austreibenden Wurzelstränge sich sofort in den Boden einsenken können.

Sämmtliche Faserwurzeln, die bei der vorher angedeuteten Pflege in Fülle erzeugt sind, dürfen nur dann eine Einkürzung erhalten, wenn sie eine unverhältnißmäßige Länge zeigen.

Das Einkürzen der Zweige mit der Astscheere geschieht in pyramidaler Form nach dem Wipfeltriebe verlaufend, wobei man den untersten Verzweigungen die Länge von etwa 20 CM. beläßt.

Ist die Wipfelknospe nicht genügend verholzt, welches wohl vorzukommen pflegt, so wird der Wipfeltrieb bis auf die zunächst folgende gut ausgebildete Knospe, 1 CM. über dieser zurückgeschnitten.

Die Pflanzlöcher sind nicht unter 50 CM. im □ anzufertigen, und muß die Tiefe dem Wurzelbau entsprechen.

Besondere Beachtung verdient, daß kein Stämmchen tiefer ein=
gepflanzt wird, wie es im Saatbeet stand; zu tiefes Einpflanzen
verhindert den Zutritt der für günstigen Pflanzenwuchs so unent=
behrlichen atmosphärischen Einflüsse. In Folge dessen erscheinen am
Wurzelstock kümmerliche Triebe, und mit diesen ist gleichzeitiges Ab=
sterben des Stammes vom Wipfel herabwärts unausbleibliche Folge.

Weiterhin ist es von großer Wichtigkeit, beim Ausheben, Be=
schneiden an Wurzeln wie Zweigen, Transport zur Pflanzstelle,
bis zur vollendeten Pflanzung stets dafür zu sorgen, daß die Be=
wurzelung nicht durch Luftausdörrung leidet.

Durch Ueberdecken in Wasser getränkter grober Tücher, wie
bei weiterem Transport durch Verpackung der Wurzeln in feuchtes
Moos verhindert man leicht diese Calamität.

Am zweckmäßigsten pflanzt man in der Entfernung von 2 M.
im Verband.

Auch empfiehlt sich für die Acazie eine rechtzeitige Herbstpflan=
zung, vom 25. September bis spätestens 15. October. In der
genannten Zeit gepflanzte Stämme hatten gegen Ende November
mehrere CM. lange neue Faserwurzelbildungen producirt, und waren
bereits ziemlich festgewachsen. Im Frühling gepflanzte gleichaltrige
Stämme, unter ganz gleichen Verhältnissen erzogen, brachten nur
etwa halb so lange und kräftige Triebe, wie die im Herbste ge=
pflanzten Stämmchen.

Es würde zu weit führen, d'e fernere Erziehung und Behand=
lung solcher Acazienhaine bis zur Nutzbarkeit zu Bahnschwellen
hier folgen zu lassen.

B. Nadelhölzer.

1. Pinus excelsa (Wall). Nepal's Weihmuths-Kiefer.

Fam. II. Abietineae. Gen. Pinus. Linn. Sect. III. Strobus. Spach.

Diese große pyramidenförmige Kiefer, welche eine Höhe bis zu 50 M. bei entsprechendem Durchmesser erreicht, ist heimisch in Ostindien, besonders in Nepal, wo sie auf den südlichen Abhängen des Himalaya in einer Höhe von 2 bis 4000 M. große Wald= bestände bildet. Sie ist eine der verbreitetsten Kiefernarten des centralen Theiles dieses Gebirges, und wurde bereits 1827 in Europa eingeführt.

In England sieht man längst stattliche Exemplare von 15 bis 20 M. Höhe.

Ihre Nadeln stehen zu fünfen in hinfälligen, aus vielen läng= lichen, linienförmigen, dachziegelartigen, braunhäutigen Schuppen= blättchen bestehenden Scheiden; Nadeln sehr zart, schlaff, dreikantig, oben zweifurchig, unten flach, an den Kanten schärflich, stachelspitzig, 0,20 M. lang, oft ungleich, an den Zweigspitzen in einen pinsel= artigen Schopf zusammengedrängt, bläulichgrün und weißlich gestreift.

Knospen kurz, gegen die Spitze verdickt, keulenförmig, mit Linien und haarförmigen Schuppenblättchen bekleidet.

Zapfen gestielt, meist drei bis vier zusammenhängend, lang cylindrisch, 0,18 M. lang, blaßbraun, mit durchsichtigen Harz tropfen überflossen.

Fruchtschuppen sehr breit, keilförmig, an den Enden verdickt und am oberen Rande in einen kurzen, breiten, dunkelbraunen Stachel auslaufend.

Samen eiförmig, zweischneidig zusammengepreßt, schwarz, grau punktirt, mit säbelförmig gestalteten, netzartigen, rostbraunen Flügeln versehen.

Die Rinde des Baumes ist glatt und weißlichgrau; das sehr harzreiche Holz ist weiß, dicht, und liefert beim Anbohren eine reiche Menge sehr wohlriechenden Terpentins.

In Nepal, wo wahre Riesenbäume vorkommen, werden sie zu den stärksten Schiffsmasten und trefflichen Schnittwaaren verarbeitet.

Dieser so imposante und raschwüchsige Baum, vollständig gegen unsere härtesten Winter unempfindlich, ist in allem seinem Aeußern sehr verschieden von der 1705 aus Canada und Virginien eingeführten Weihmuthskiefer Pinus strobus (Lin.).

Einzeln auf Rasen, oder als kleinere Gruppe im Park ist er von effectvoller Wirkung, wozu besonders seine schopfförmig schlaff herabhängenden bläulichgrünen und weiß gestreiften Nadeln beitragen.

2. Pinus Lambertiana (Dougl.) Riesen-Kiefer.

Diese imposante Kiefer, von den Eingeborenen Sugar pine (Zuckertanne) genannt, entdeckte der botanische Reisende Douglas 1826 an der Nordwestküste von Nordamerika, vom 40. bis 43. Grad nördl. Breite, wo sie, mit andern Kiefern gemischt, große Waldbestände bildet. Besonders fand er diese Kiefer jenseits der Bergkette, welche sich südwestlich von den Rocky-Mountains gegen das Meer hinabzieht; auch findet sie sich im nördlichen Californien heimisch.

Der stärkste Baum, den dieser Reisende vom Sturm geworfen fand, maß 3 Fuß vom Boden 57′ 9″ im Umfang, 134 Fuß vom Boden 17′ 5″ im Umfang; die äußerste Länge betrug 215 Fuß.

Die Bäume fand er sämmtlich geradschaftig, die Rinde ungewöhnlich glatt, von weißlicher und hellbrauner Farbe; sie liefern eine Menge ambrafarbiges Harz, welches als ein Surrogat des Zuckers von den Eingeborenen gebraucht wird.

Die Zapfen hatten nahezu eine Länge von 0,5 M. Die großen

eßbaren Samen werden sowohl im rohen Zustande genossen, wie auch geröstet und zu Brod verarbeitet; in welcher Zubereitung sie denn lange aufbewahrt werden können.

Die ersten und ältesten Bäume aus den von Douglas gesandten Samen findet man in dem Park eines Herrensitzes zu Raith in Schottland.

Ihre bedeutendste Höhe und Stärke erreicht dieselbe im reinen Sandboden.

Die Nadeln sitzen zu fünfen in kurzen, hinfälligen Scheiden, ziemlich steif, an den Rändern fein gesägt, 10 bis 15 CM. lang, jung leicht graugrün, älter lichtgrün, Knospen nach oben zu verdickt, keulenförmig, von schmalen, hellbraunen, harzlosen Schuppenblättchen bekleidet.

Zapfen sehr groß und walzenförmig, bis 0,5 M. lang, 0,1 M. breit und dunkelbraun; im ersten Jahre aufrecht, im zweiten hängend. Reifzeit zwei Jahre. Fruchtschuppen locker, abgerundet, unbewehrt und unmerklich verdickt. Samen eiförmig, 1,5 CM. lang, 0,75 CM. breit, mit rußig gefärbten, doppelt so langen Flügeln.

Nur die gigantische Mammuth-Fichte Californiens übertrifft diese edle Kiefer in Beziehung auf ihre Größenverhältnisse. Sie ist vom schönsten pyramidalen Wuchs mit annähernd horizontaler Aststellung, und es ist wohl kaum zu bezweifeln, daß man ihr im Park als Einzelbaum den ersten Rang einräumen wird.

Ju sehr großen Parkanlagen wird sie auch als Gruppe von 10 bis 15 Stämmen in Entfernungen von 8 bis 9 M. gepflanzt, und mit ihren bis zu ²/₃ der Höhe astlosen massigen Stämmen einen imposanten und erhabenen Eindruck machen.

3. Pinus rigida. (Mill.) Steifblättrige Kiefer.
(Pechtanne der Amerikaner.)
Fam. II. Abietineae. Gen. Pinus. Lin. Sect. II. Taeda. Endl.

Ihre Heimath ist Nordamerika, besonders die feuchten und sumpfigen Ebenen von Neu-England bis Virginien. Die nördlichste Verbreitung dieser Kiefer ist die Gegend von Brunswick im Staate Maine.

Ihre Nadeln stehen zu dreien in runzeligen, dachziegelartigen Scheiden, sehr starr und derb, ziemlich breit und scharf zugespitzt, 0,10 M. lang und hellgrün. Knospen stark von Harz überflossen. Zapfen oval länglich, 8 CM. lang und 4 CM. breit, kurz gestielt, in Büscheln zu vier und fünf rund um die Gipfeläste stehend und hellbraun. Schuppen vierseitig und hellbraun, $1^1/_4$ CM. breit, mit etwas niedergedrücktem pyramidalen Schildchen, welches in einem über 4 CM. langen, etwas zurückgekrümmten, zugespitzten Dorn endigt.

Samen sehr klein, mit schmalem, 2 CM. langen Flügel.

Diese Kiefer erreicht die Dimensionen unserer Pinus sylvestris (Lin.), und wurde bereits 1750 in Europa eingeführt.

Ihre Schönheit ist es nicht, welche Veranlassung sein könnte, sie hier mit aufzunehmen, wohl aber die Bedeutung, die sie als Waldbaum hat.

Sie liefert ein eben so gutes Bauholz, als unsere norddeutsche Kiefer, jedoch besteht ihr Hauptnutzen in dem ungemeinen Reichthum an Terpentin und Harz, sowie auch große Quantitäten Theer und Pech aus ihr gewonnen werden.

Moorboden und Sumpf sind ihr angemessenster Standort, und wird die geringe Anzahl von forstlichen Pflanzen, welche an solchen Oertlichkeiten fortkommen, durch diese wichtige Kiefernart vermehrt.

In Frankreich wird sie bereits seit mehreren Jahren in größeren Waldbeständen angebaut, wo sie gute Wachsthumsfortschritte zeigt.

4. Abies Mertensiana. (Lindl.) Californische Hemloks-Tanne.

Fam. Abietineae. Gen. Abies Link. Sect. I. Tsuga α. Bracteen eingeschlossen.

Diese schöne Tanne mit rundlichem, buschigen Gipfel, deren Stamm bei einer Höhe von 40 bis 45 M. einen Durchmesser von 1,5 M. erreicht, findet sich auf der Insel Sitcha, sowie in Nordcalifornien und dem Oregongebiete bis 3000 M. über dem Meere.

Ihre Nadeln sind flach, lineal, stumpfspitzig zulaufend, meist zweireihig, oberseits gerinnelt und lebhaft grün, unterseits schwach meergrün, fast 2 CM. lang und 2 MM. breit, aber von sehr ungleicher Größe.

Zapfen endständig, einzeln, eiförmig, sitzend, hängend, 2 bis 2$^1/_2$ CM. lang.

Fruchtschuppen nierenförmig, klein, ganzrandig in geringer An=zahl; Samen sehr klein, hellbraun, mit 1,25 CM. langem, eiför=migen Flügel.

Der Stamm ist mit einer zarten, dünnen Rinde bekleidet, die Zweige schlank, zahlreich und an den Spitzen mehr oder weniger herabgebogen; die Aestchen lang, herabhängend.

Diese schöne Tanne, obgleich noch selten, gehört mit zu den schönsten Parkbäumen, in kleine Gruppen zusammengestellt.

5. **Abies canadensis. (Michx.) Canadische Hemlots=Tanne.**

Dieser in Deutschland schon häufig verbreitete Parkbaum von überaus schöner Tracht hat vorzugsweise seine Heimath in Canada und kommt vereinzelt in ganz Nordamerika vor.

Sie erreicht auf gutem Standort nur eine Höhe bis zu 21 M., zeichnet sich durch ihren flattrig ästigen Wuchs aus, wobei die äußersten Zweige herabhängen.

Die Rinde ist glatt, in der Jugend rothbraun, später aschgrau.

Die Nadeln flach, lineal, gestielt, an der Spitze abgerundet, oberseits glänzend hellgrün, unterseits mit zwei weißen Streifen versehen, 1,25 CM. lang und 2 MM. breit.

Zapfen sitzend, an den Enden der Zweige herabhängend, eiför=mig, an der Spitze fast stumpf, etwa 2,5 CM. lang, 1,25 CM. breit. Fruchtschuppen fast elliptisch und 1,25 CM. lang, an beiden Seiten eingedrückt, oben abgerundet und an der Basis mit einer dünnen, breiten, in der Mitte etwas eingebogenen Bractee ver=sehen. Samen oval, 4 MM. lang, eckig und gelblichbraun.

Eingeführt in Europa 1736.

In Folge seiner herabhängenden Verzweigungen eignet er sich auch besonders zur Bepflanzung der Grabstätten.

Im Park findet er sich häufig in einzelner Stellung und auch als Gruppe, in beiden Formen malerisch schön.

In frischen, leichten Bodenarten zeigt der Baum den freudigsten Wuchs, auf trockenem Boden kommt er gleichfalls fort, indeß sind hier seine Wachsthumsfortschritte nicht erheblich.

Die Rinde hat bedeutenden Werth zur Gerberei; die sogenannten Hemlocksleder, welche nur mit dieser Rinde hergestellt werden, haben meist höhere Preise, als die mit Eichenrinde gegerbten Häute.

Auch verfertigt der Amerikaner aus den zarten Sprossen das dort allgemein beliebte Sprucebier.

6. Abies Douglasii. (Lindl.) Douglas=Tanne.

Fam. II. Abietineae. Gen. Abies. Link. Sect. I. Tsuga. β. Bracteen hervorstehend.

Ihre Heimath ist im nordwestlichen Theil von Nordamerika, wo sie auf den Rocky-Mountains unermeßliche Wälder bildet; auch findet sie sich in Ober=Californien.

Eingeführt wurde sie 1826 auf unserem Continent. In Drop= more stehen bereits stattliche Bäume von 20 bis 25 M. Höhe, mit einem Stamm=Durchmesser bis zu 1 M. im Alter von 45 Jahren.

Ihre Nadeln stehen unregelmäßig, zweireihig, flach, sehr schmal lineal, ganzrandig, stumpfspitzig, oberseits lebhaft grün, unterseits meergrün, 3,5 CM. lang.

Die Knospen sind kegelförmig, zugespitzt, dicht mit röthlich= braunen, dachziegelartigen Schuppenblättchen umkleidet. Die Zapfen einzeln, endständig, hängend, länglich eiförmig, etwa 8 CM. lang, selten über 2,5 CM. dick, von brauner Farbe.

Fruchtschuppen fast kreisrund, concav, ganzrandig, glatt, 3 CM. lang, fast eben so breit. Bracteen 4,5 CM. lang, lineal drei= spitzig, mit langem, vorgezogenen Mittelnerv, knorpelig häutig und doppelt so lang als die Schuppen.

Samen sehr klein, eiförmig, mit krustenartiger Testa und 0,5 CM. langen Flügeln.

Diese überaus schöne Tanne von kegelförmigem Bau und enor= mer Größe gehört zu den herrlichsten Parkbäumen, und wird als stattlicher Waldbaum auch in unsere Wälder einwandern, welches ihre enorme Raschwüchsigkeit, wie der hohe technische Werth ihres Holzes mit Sicherheit erwarten läßt.

Sie erreicht eine Höhe von 70 M. und einen Stamm-Durchmesser bis 4 M. und mehr.

Das Holz ist sehr geschätzt zum Schiffsbau, liefert herrliche Masten und ausgezeichnet schöne Schnittwaaren.

Im Jahre 1862 waren von dieser Tanne im Ausstellungs-Palast in England herrliche Schnittwaren, sowie Parkethölzer und eine Stammscheibe von 4 M. Durchmesser ausgestellt, die von Sachkennern allgemeine Anerkennung fanden; auch liefert sie vorzügliche Resonanzhölzer.

Das Holz ist wegen seiner reichen Menge an Terpentin sehr haltbar und nimmt auch eine herrliche Politur an.

Sie ist von großer Raschwüchsigkeit; einjährige 10 CM. hohe Pflanzen erreichten bereits im zweiten Jahre die Höhe von 0,6 M.

Eine besonders empfehlenswerthe Eigenschaft besitzt sie noch, indem sie vor Mitte Mai ihre Knospen nicht entfaltet, und dadurch die jungen Triebe von den so häufig auftretenden vernichtenden Spätfrösten verschont bleiben, wodurch unsere deutsche Edeltanne so vielfach in ihren Wachsthums-Verhältnissen zurückgesetzt wird; die zu frühzeitig ihre Knospen und Triebe entwickelt.

Die lange und lebhaft grüne Benadelung, welche andere Tannenarten in dem Maße nicht besitzen, empfiehlt diesen stattlichen Baum vorzugsweise zu Parkanlagen, besonders als Gruppe oder hainartig vor bereits höheres, dunkleres Tannengehölz placirt.

Nach den hier gemachten Erfahrungen liebt die Douglas-Tanne tiefgründige, frische und humusreiche, nicht zu schwere Bodenarten, und wächst, wie die größere Mehrzahl ihrer Geschlechts-Verwandten, am üppigsten an den Nordseiten der Bergabhänge.

7. Abies Pichta. (Forbes.) Sibirische Pechtanne.

Fam. II. Abietineae. Gen. Abies. Link. Sect. II. Abies vera. Link.
a. Bracteen eingeschlossen.

Eine schlanke Weißtanne mit glatter Rinde und horizontalen, im Alter herabgebogenen Aesten, welche eine Höhe von 18 M.

erreicht, und in den sibirischen Gebirgen, wie auch häufig auf dem Altai=Gebirge 1000 bis 1400 M. über dem Meere geschlossene Wälder bildet.

Sie wurde eingeführt in Europa 1820.

Ihre Nadeln sind flach, lineal, unregelmäßig zweireihig oder zerstreut, sehr dicht beisammenstehend, ausgerandet, etwas aufwärts gekrümmt, oberseits dunkelgrün, unterseits meergrün und fast 2 CM. lang.

Der Zapfen ist cylindrisch, stumpf, 8 CM. lang und 2,5 CM. breit; Fruchtschuppen umgekehrt keilförmig, am größten und brei= testen in der Nähe der Basis, an den Seiten gezähnelt. Bracteen sehr kurz, rundlich, unregelmäßig gezähnelt, mit 3 MM. langen Stachelspitzen.

Samen kantig, 6 MM. lang, 3 MM. dick, gelbbraun.

Ihre dunkle Benadelung, sowie die mit zunehmendem Alter immer mehr herabgebogenen Aeste und ihre mittlere Größe lassen in ihr einen Baum erkennen, der auch für kleinere Parks, nament= lich in kleinerer oder größerer Gruppenform, Verwendung finden wird; besonders effectvoll wird die Wirkung einer solchen Gruppe, wenn sie vor helleres Laubholz placirt wird, und bei ihrer geringen Höhe vor letzterem ein scharf markirtes Bild zeigt.

8. Abies grandis. (Lindl.) Große californische Weißtanne.

Eine der stattlichsten Weißtannen, welche im nördlichen Cali= fornien in feuchten Thälern eine Höhe von 60 bis 70 M. erreicht.

Obgleich sie bereits seit 1831 in Europa eingeführt ist, so findet sie sich noch sehr wenig verbreitet und meist nur in botanischen Gärten.

Die Nadeln sind flach, schmal=lineal, deutlich zweireihig, ganz= randig, stumpf zugespitzt oder wenig gekerbt, ganz gerade auf kurzen, gedrehten Blattstielen, auf beiden Seiten hell meergrün, weißlich bereift, bis 2,5 CM. lang. Knospen kugelig, mit dunkelbraunen Schuppenblättchen bekleidet. Zapfen einzeln, cylindrisch, stumpf, 8 CM. lang, 2,5 CM. breit, blaßbraun.

Fruchtschuppen sehr breit, halbmondförmig, am freien Endtheile abgerundet, nach dem Grunde zu schmal, keilförmig gestielt.

Bracteen sehr klein, eiförmig, zugespitzt, an dem oberen Rande ausgebissen gekerbt.

Samen klein, kantig, weich, mit 2 CM. langen Flügeln.

Im jugendlichen Zustande ist die Rinde glatt und gelbbraun, im Alter braun und schuppig.

Ein vorzüglich schöner Parkbaum zur Einzelstellung auf Rasen.

9. Abies Pinsapo. (Boiss.) Spanische Weißtanne.

Diese Tanne bildet schon vom Grunde auf einen ästigen, 20 bis 22 M. hohen Baum. Die Aeste sind horizontal und quirl-förmig gestellt, die Zweige stehen aber fast regelmäßig im rechten Winkel gekreuzt einander gegenüber, und sind an der Basis des Stammes kaum länger als am Gipfel, wodurch der Baum eine annähernd walzenähnliche Form zeigt.

Vorzugsweise findet sich diese schöne Tanne in Spanien, auf den Gebirgen zwischen Ronda und Malaga in Granada, auf der Sierra Newada, in einer Höhe bis zu 1800 M. in großen Wald-beständen.

Ihre Nadeln sind flach, lineal, dicht spiralförmig um die Zweige gestellt und horizontal abstehend, graugrün, starr, spitzig, bis 12 MM. lang.

Zapfen sitzend, cylindrisch, eiförmig, 14 bis 15 CM. lang, 2,5 CM. breit und hellbraun.

Fruchtschuppen fast dreieckig, an der Spitze abgerundet. Brac-teen eiförmig, ausgerandet, mit kurzer Stachelspitze, und viel kürzer als die Schuppen.

Samen von tiefbrauner Farbe mit häutigem Flügel.

Sie ist nach ihrem Aeußeren unstreitig eine der schönsten Tannen, und sollte in keiner parkartigen Anlage fehlen. Ihr eigenthümlicher abweichender Wuchs empfiehlt sie zur Einstellung.

Hier gepflanzte Exemplare an schroffen, sterilen, südlichen Ein-hängen der bunten Sandsteinformation kommen bei der hier öfter stattfindenden Bodenaustrocknung leidlich gut fort. Besseren Wachs-thum wird sie indeß auf frischerem Boden zeigen, namentlich an nördlichen oder nordwestlichen Einhängen.

10. Abies nobilis. (Lindl.) Die edle Weißtanne.

Fam. II. Abietineae. Gen. Abies. Link. Sect. II. Abies vera. Link.
β. Bracteen hervorstehend.

Vorzugsweise wächst diese Tanne an der Nordwestküste von Nordamerika, an den Ufern des Columbiaflusses und auf den Gebirgen Nordcaliforniens, wo sie große Wälder bildet und treffliches Bauholz liefert.

Der botanische Reisende Jeffrey fand diese Tanne auf den Shasta = Gebirgen 2000 bis 2500 M. über dem Meere; die Indianer nennen ihn hier „Tuc-Tuc" (stolzer Baum).

Eingeführt wurde sie bereits 1831, und in England sieht man bereits Exemplare von 11 M. Höhe und überraschender Schönheit.

Diese majestätische Tanne erreicht eine Höhe von 70 bis 75 M. und ist mit regelmäßigen, horizontal sich ausbreitenden Aesten, mit zimmetfarbener Rinde ausgestattet.

Ihre Nadeln sind flach, lineal, fast sichelförmig, stumpfstachelspitzig, aufwärts gekrümmt, sehr dicht gestellt, 2,5 CM. lang, oberseits mit einer eingedrückten Linie gezeichnet, unterseits verwaschen bläulich.

Zapfen einzeln, seitenständig, cylindrisch, 18 CM. lang, 7 CM. breit, walzenförmig und glänzend braun. Fruchtschuppen dreiseitig, keilförmig, gleich lang und breit, ganzrandig, mit kleinen Flaumhaaren überdeckt, an den Ecken einwärts gekrümmt.

Bracteen breit, spatelförmig, zernagt, zerfetzt, gelappt, mittlerer Lappen verlängert, pfriemenförmig, spitzig und heraushängend.

Samen klein, kantig, länglich, mit 3 CM. langen, 1,5 CM. breiten, dünnhäutigen, blassen Flügeln.

Sie liebt frische, humusreiche Bodenarten, und entwickelt sich in solchen rasch; zur Anpflanzung im Park kann sie nicht genug wegen ihrer majestätischen Form empfohlen werden, und wird als Einzelbaum von überraschender Wirkung sein.

11. Abies Nordmanniana. (Lindl.) Nordmann's Weißtanne.

Ebenfalls, wie die vorige, eine der stattlichsten Weißtannen, bereits mehr verbreitet, heimisch auf den Gebirgen der Krimm.

Der botanische Reisende Nordmann aus Odessa entdeckte diese schöne Tanne auf der Höhe der Adschar-Gebirge in der Nähe der Quelle des Kur in einer Höhe von 2000 M.

Wittmann traf sie an den südlichen Abhängen zwischen Certalin und Achalzich bis zur Alpenregion hinansteigend, untermischt mit Abies orientalis (Poir.).

Sie erreicht eine Höhe von 30 M. und bis zu 1,25 M. im Durchmesser; das Holz ist besonders dauerhaft und wird dem ausgezeichneten Holze der Abies orientalis noch vorgezogen.

Besonders empfehlenswerth zum forstlichen Anbau ist sie auch noch deshalb, indem ihre Knospen erst so spät im Frühling treiben, wo die Gefahren der Spätfröste vorüber sind. — In einigen Gegenden Frankreichs sieht man sie bereits als stattlichen Waldbaum eingebürgert.

Eingeführt wurde sie 1848.

Die Nadeln sind flach, lineal, an den jungen Trieben dicht, mehrreihig, aufwärts gerichtet, bei älteren unregelmäßig zweizeilig, an der Spitze gekerbt, stumpf, zweizähnig, 2,5 CM. lang, oberseits lebhaft grün, der Länge nach mit einer Furche durchzogen und auf der Rückseite mit zwei weißen Linien versehen.

Zapfen sitzend, oder sehr kurz gestielt, eiförmig, 13 CM. lang und 5 CM. breit. — Fruchtschuppen breit, becherförmig, vollständig ganzrandig und glatt.

Bracteen an der schmalen Basis der Fruchtschuppen angewachsen, nach oben sich allmählig herzförmig verbreiternd und in eine 4 CM. lange Platte mit Stachelspitze endend, welche zurückgeschlagen auf der unteren Schuppe liegt.

Samen dreikantig, eiförmig, 3 MM. lang, glatt, mit hautartigem, nach oben verbreiterten Flügel.

Die Nordmanns-Tanne ist von tadellosem Wuchs, mit dichter, horizontal stehender Beastung ausgestattet und lebhaft grüner, derber Benadelung; in Folge dessen gehört sie schon jetzt allgemein zu den beliebtesten und herrlichsten Parkbäumen. Besonders effectvolle Wirkung erzeugt sie als Einzelbaum auf Rasen, oder als kleinere Gruppe von 5 Stämmen in einer Entfernung von 3 M. gepflanzt.

Sie liebt einen frischen, humusreichen Boden, und wächst gern und am üppigsten an den Nordseiten der Berge.

Ihr forstlicher Anbau kann nicht warm genug empfohlen werden, da auch ihre Holzproduction eine bei Weitem werthvollere ist, als die unserer deutschen Weißtanne.

Da, wo Wild= und Rehstände vorkommen, ist eine Umfriedigung bis dahin, daß die Stämme eine Höhe von mindestens 3 M. haben, unerläßlich.

12. Abies balsamea. (Mill.) Balsam=Tanne.

Diese schön gewachsene Tanne hat ihre Heimath in Canada, Neu=Schottland, Neu=England und andern nördlichen Gegenden Amerika's und erreicht nur eine Höhe von 10 bis 15 M.

Sie liefert außer gutem Bauholz den ausgezeichneten canadischen Balsam (Balsamum canadense).

Ihre Nadeln sind flach, lineal, dicht und unregelmäßig zwei= reihig, aufwärts gekrümmt, bis 2,5 CM. lang, oben von glän= zendem Dunkelgrün, unterseits bläulichweiß, an der Spitze stumpf, auch eingekerbt oder ausgerandet.

Die Knospen an der Spitze stehen zu dreien bis fünfen, halb= kugelig, glatt, glänzend und durch den firnißartigen Ueberzug zusammengeklebt.

Zapfen zu zwei oder drei an der Oberfläche der Aeste, sitzend, 10 CM. lang, 2,5 CM. breit, von dunkler, violetter Farbe, nach oben spitz verlaufend und meist mit Harz überflossen.

Fruchtschuppen oben breit, abgerundet. Bracteen gekerbt, fast herzförmig, mit vorstehender Mittelrippe.

Samen klein, eckig, mit breitem Flügel.

Der Stamm ist sehr gerade, mit glatter, schwarzgrauer Rinde bedeckt, dagegen haben die jüngeren Zweige eine gelbbraune, kurz wollig behaarte Rinde.

Eingeführt 1696.

Als Parkbaum wegen seiner decorativen Schönheit und regel= mäßigen Wuchses sehr geschätzt, und besonders wegen seiner geringen Höhe auch für kleinere Anlagen werthvoll.

13. Abies orientalis. (Poir.) Sapindus-Fichte.

Fam. II. Abietineae. Gen. Abies. Link. Sect. III. Picea. Link.

Die Heimath dieser malerisch schönen Fichte ist in der Levante um Trapezunt, auf den Bergen von Imeretien, wo sie in einer Höhe von 1300 M. vorkommt; auch findet sie sich in den Abschar-Gebirgen, vermischt mit der Abies Nordmanniana.

Die Sapindus-Fichte erreicht eine Höhe bis zu 30 M. und bildet einen kegelförmigen Wipfel mit reicher Beastung.

Das Holz ist ausgezeichnet zähe und dauerhaft, und wird hoch geschätzt.

Die Nadeln sind rundlich vierkantig, sehr dicht gestellt, meist sich deckend, knorpelspitzig, sehr dick und kurz, etwa 8 MM. lang und von tiefgrüner Färbung.

Die Zapfen sind eiförmig, walzenartig, 8 CM. lang, an der Basis 2 CM. breit.

Fruchtschuppen fast dreieckig, an den Ecken abgerundet, vollkommen ganzrandig.

Bracteen sehr klein. Samen fast schwarz, mit kurzen, ziemlich breiten Flügeln.

An den Gelenken der jungen Triebe fehlen die Nadeln.

Es ist unstreitig die zierlichste Fichte, und zur Einzelstellung im Park nicht genug zu empfehlen.

Ihre Aeste stehen ungemein dicht, regelmäßig aufwärts, dann übergebogen. Die ganze Krone erscheint so dicht, daß man kaum den Baumschaft zu erkennen vermag, mit tiefgrüner Benadelung.

An den Spitzen der Zweige finden sich feine, durchsichtige Harztropfen, welche man in ihrer Heimath mit dem Namen Sapindus-Thränen bezeichnet.

14. Sciadopitys verticillata. (Sieb. & Zucc.) Quirlblättrige Schirmfichte.

Fam. II. Abietineae. Gen. Sciadopitys. Sieb. & Zucc.

Dieser noch wenig bekannte, 30 bis 50 M. hohe Nadelholz-Baum von pyramidalem Wuchs mit ausgebreiteter Krone, wurde erst im Jahre 1861 in England durch Fortune eingeführt.

Er wurde gefunden in Japan auf der östlichen Seite der Insel Nipon, auf den Bergen Koja-San in der Provinz „Kii." Nach einer anderen Angabe wächst dieser Baum auch in Japan bei Kanagawa.

In Folge seiner eigenthümlichen Blattstellung und der sich weit horizontal ausbreitenden Aeste macht er einen fremdartigen und eigenthümlichen Eindruck, besonders durch die an den Enden der Zweige zahlreichen linealen, büschelschirmartig gestellten, sehr langen Nadeln.

Nadeln lineal, etwas sichelförmig, lederartig, glatt, ganzrändig, stumpf zugespitzt, auf der unteren Seite concav, mit tiefer Längs= furche, bis 8 CM. lang und 0,5 CM. breit, tiefgrün, in ge= schlossenen, schirmartig gestellten Scheinquirlen zu 40 bis 45 an den Enden der Zweige stehend.

Die Knospen mit schuppigen Deckblättchen bekleidet und tief rostbraun.

Die Zapfen seitenständig, einzeln stehend, länglich eiförmig, an den Enden stumpf, bis 8 CM. lang und bis 4 CM. breit, graubraun.

Fruchtschuppen 6= bis 8samig, regelmäßig dachziegelartig gestellt, holzig, keilförmig, abgerundet, um die Ränder hin und wieder zurückgebogen.

Bracteen an den Schuppen hängend und kürzer.

Samen elliptisch, zusammengedrückt, mit lederartiger Testa, in einen häutigen Flügel auslaufend, gegen die Spitze kleiner.

Dieser prachtvolle Zierbaum, der bereits als zwei= und drei= jährige Pflanze unbeschadet eine Kälte von 18° R. ausgehalten hat, läßt mit Sicherheit hoffen, daß, mehr erwachsen, ihm die größte norddeutsche Kälte nichts schaden wird.

Für den Park ist dieser Fremdling eine unschätzbare Aquisition, und wird er freistehend auf Rasen besonders effectvoll sein.

Pflanzen von 2 bis 3 Fuß Höhe umpflanzt man mit ballen= haltigem, etwas höheren Schutzholz, und nimmt solches erst dann successive hinweg, wenn die Schirmfichte 1½ bis 2 M. Höhe erreicht hat.

15. Wellingtonia gigantea. (Lindl.) Gigantische Mammuth-Fichte.

Fam. III. Cunninghamieae.   Gen. Wellingtonia. Lindl.

Dieser in der baumartigen Pflanzenwelt Californiens entdeckte, bislang noch unbekannte Waldriese, von William Lobb vor achtzehn Jahren in England eingeführt, hat seine Heimath auf den hohen Abhängen der Schneegebirge, in den einsamen Bezirken der Flüsse Stanislau und St. Antonio, unter dem 38. Grad nördl. Breite und dem 120. Grad westl. Länge, und steigt bis zu einer Höhe von 1800 M. über das Meer hinan.

Nur von Mitte Juni bis gegen Mitte September sind diese Gegenden schneefrei, und für den Naturfreund, der diese Könige der Wälder bewundern will, zugänglich.

Hier findet man in hainartiger Zusammenstellung 80 bis 90 dieser Bäume in einer Höhe von 120 bis 140 M., und die stärksten mit einem Umfang von 30 M.

Dieser Mammuthhain liegt etwa 95 englische Meilen von Sacramento City.

Die Aeste sind cylindrisch, hängend. Die blaßgrünen, schuppenförmigen Blätter stehen dachziegelförmig um die Zweige.

Der Stamm an jungen Pflanzen ist sehr stark, abfallend wachsend, mit gelbbrauner, an jungem Holze schuppiger Rinde.

Die Zapfen haben eine Länge von 6 bis 7,5 CM. und 4 bis 5 CM. Dicke; fast eirund, an den Spitzen der Zweige hängend.

Der Baum hat viel Aehnlichkeit mit den wahren Cypressen.

Mit Gewißheit hat sich bestätigt, daß die Mammuthfichte in Englands Klima vollständig ausdauernd ist, was dort gezogene Exemplare von fast 10 M. Höhe bestätigen.

Auch in Norddeutschland ist Hoffnung vorhanden, daß dieser so schöne Baum ausdauert, wenn man auf die richtige Wahl des Standortes Bedacht nimmt.

Nach vielseitigen Beobachtungen über die Verheerungen des sehr strengen Winters 1870/71 sind nicht alle Wellingtonien erfroren; die Mehrzahl treibt seit Frühling aus den Spitzen der Seitenzweige und Wipfel neu und kräftig, einige sogar auf sehr geschütztem Standort haben gar nicht gelitten; dagegen sind wieder einige in ganz exponirten Lagen erfroren und geben kein Lebenszeichen mehr. — Diese Beobachtungen sind an jungen Stämmen von 3 bis 3½ M. Höhe gemacht worden, und es ist mit Wahrscheinlichkeit anzunehmen, daß bei höherem Alter der Baum auch widerstands= fähiger gegen hohe Kältegrade sich zeigen wird, was erfahrungs= gemäß bei ähnlichen empfindlichen Holzarten sich bestätigt gefunden hat. Man würde daher nur die geeigneten Mittel in Anwendung zu bringen haben, um der Mammuthfichte bis zum Alter von 10 bis 15 Jahren den nöthigen Schutz zu verschaffen.

16. Cupressus Lawsoniana. (Murray.) Lawson=Cypresse.
Fam. IV. Cupressineae. Rich. Gen. Cupressus Tourn. Trib. I.
Cupressineae verae.

Der botanische Reisende Murray führte diese Cypresse im Jahre 1856 in Europa ein, und ist diese Einführung als eine der schätzbarsten von allen Pflanzenzüchtern anzuerkennen.

Ihre Heimath ist in Nordcalifornien, und wurde sie bei der Oregon=Expedition im Jahre 1855 in den Shasta= und Scots= Thälern entdeckt; auch fand sie sich in Nordcalifornien zwischen dem 40. und 42. Grad nördl. Breite.

Ihr Wuchs ist in jeder Beziehung elegant, in den gefälligsten Formen, und sie erreicht bei einer Höhe von 30 M. einen Durch= messer bis zu 0,75 M. Die Aeste stehen mehr im spitzen Winkel, während die Zweigspitzen sich dachartig herabneigen; der Gipfel selbst hängt fadenartig herabwärts, bei ausgewachsenen Bäumen bis zu 5 M., vom Winde geschaukelt.

Das Holz ist ausgezeichnet und wird vielfach zu baulichen Zwecken benutzt und ist dabei stark riechend.

Ihre Blätter sind vierreihig, dicht dachziegelartig gestellt, an alten Pflanzen oval, graugrün, an jungen lanzettförmig, scharf zu= gespitzt, an den Rändern weißlich punktirt, vom glänzendsten Dunkelgrün. — Zapfen einzeln, sehr klein, von der Größe einer Erbse, kurz gestielt, von hellbrauner Farbe.

Fruchtschuppen meistens sechs, unregelmäßig vier= oder fünf=

seitig, von korkartiger Textur, in der Mitte mit einer breiten, stumpfen Spitze. Der Samen ist ziemlich groß, ohrförmig, meist drei unter jeder Fruchtschuppe und dunkelbraun.

Die Lawson-Cypresse ist von so erhabener Schönheit und so unempfindlich gegen norddeutsche Kälte, indem sie selbst den Winter 1870/71 ohne jede Beschädigung ertrug, daß ihr Anbau und ihre weitere Verbreitung keinem Zweifel unterliegt. Das glänzendste Dunkelgrün ihrer Belaubung mit dem bei zunehmendem Alter immer mehr herabhängenden Wipfel haben bereits vielfach Veranlassung gegeben, sie auch als Trauerbaum auf Friedhöfen anzupflanzen.

17. Chamaecyparis Nutkaensis. (Spach.) Sitka-Cypresse.

Diese Cypresse, eingeführt in Europa 1851, ist ein großer, schöner Baum mit zerstreut stehenden Aesten; ihre Zweige sind flach gedrückt, zweizeilig geordnet, anfangs kantig, später rund und braun. Sie wächst an der Nordwestküste von Nordamerika, besonders am Nutka-Sunde und auf der Insel Sitka.

Blätter vierreihig, dachziegelartig gestellt, an der Basis breit herabgehend, oval, scharf zugespitzt, glatt, auf der Rückseite convex, auf der oberen Seite glänzend dunkelgrün, auf der unteren blaßgrün.

Zapfen kugelförmig, einzeln, über 1 CM. im Durchmesser und von grauer Farbe.

Fruchtschuppen vier bis acht an der Zahl, schildstielig, kreisförmig oder vier- bis fünfkantig, in der Mitte mit einer dicken Erhöhung versehen.

Samen meist drei unter jeder Fruchtschuppe, flach, ohrförmig und geflügelt. Samenhülle beinhart, ohne Harzgänge.

Sie gehört zu den schönsten Parkbäumen mit tief dunkelgrüner Belaubung, und nur die jüngeren Triebe tragen ein imposantes helles Grün. In Gruppenform placirt, würde sie ungemein effectvoll wirkend sein.

18. Chamaecyparis obtusa. (Sieb. & Zucc.) Hinoki-Lebensbaum-Cypresse.

Sie erwächst zu einem schlanken Baum von 20 bis 25 M. Höhe und erreicht einen Durchmesser bis zu 1 M. Ihre Aeste breiten sich horizontal gestellt aus, und die Zweige sind zweizeilig fächerförmig gestellt.

In Japan, besonders auf der Insel Nipon, bildet sie einen großen Theil der Wälder. Ihr Holz ist weiß, schön geadert, sehr fest und nimmt — verarbeitet — einen Seidenglanz an. Als Bauholz wird es hoch geschätzt.

Die noch 1865 schwebenden Zweifel über ihre Ausdauer in Norddeutschland sind gehoben, da sie den Winter 1870/71 ohne jede Beschädigung aushielt und sich nicht einmal bräunte.

Die Blätter sind gegenständig, schuppenförmig, dicht dachziegel= artig gestellt, oval rautenförmig, stumpf, die seitlichen gekielt, spitz und etwas kahnförmig, auf der oberen Seite von lebhaftem Grün, auf der unteren bläulichgrün mit weißen Streifen gezeichnet.

Zapfen an den Enden der Zweige, kugelförmig, von der Größe einer Erbse, mit acht bis zehn Fruchtschuppen von dunkelbrauner Farbe.

Die Fruchtschuppen schildstielig, vier= bis fünfseitig, mit fast ebener Oberfläche, in der Mitte mit kurzer Spitze versehen und meist zwei Samen enthaltend, welche braun, kantig und schmal ge= flügelt sind. Integument mit deutlichen Harzgängen

Sie gehört ebenfalls zu den herrlichsten Parkbäumen und ist von großer decorativer Schönheit.

Die Japanesen nennen ihn „Hinoki (Sonnenbaum).

19. Chamaecyparis pisifera. (Sieb. & Zucc.) Sawara= Lebensbaum=Cypresse.

Diese mittelgroße Cypresse stammt gleichfalls aus Japan von der Insel Nipon und ist von derselben Schönheit, wie die vorher= gehende. Sie ist mit zahlreichen dünnen Aesten bekleidet, welche dicht mit zweizeilig gestellten Zweigen besetzt sind.

Sie hat ebenso wie die vorher bezeichnete den Winter 1870/71 selbst als zweijährige Pflanze unbeschädigt ausgehalten und damit constatirt, daß sie für die norddeutschen Winter vollkommen aus= dauernd ist.

Blätter gegenständig, schuppenförmig, dicht dachziegelartig ge=

ſtellt, oval lanzettförmig, auf der Rückſeite gekielt, die ſeitlichen Blätter zuſammengepreßt, auf der oberen Seite von glänzendem Hellgrün, auf der unteren mit ſilberfarbigem Ueberzug bekleidet.

Zapfen einzeln an den Enden der Zweige, oval, kugelförmig, aus acht bis zehn regelmäßigen Fruchtſchuppen beſtehend, von gelb= lichbrauner Farbe.

Fruchtſchuppen ſchildſtielig, an den Rändern gekerbt, in der Mitte mit kurzer Spitze.

Samen meiſt zwei unter jeder Fruchtſchuppe, mit großem, häutigen, braunen Flügel.

Integument mit deutlichen gelben Harzgängen.

Als Parkbaum eben ſo ſchön als der vorher bezeichnete, und namentlich paſſend für kleinere Parkanlagen.

20. Chamaecyparis ericoides. (Carr.) Erikenblättrige Lebensbaum = Cypreſſe.

Fam. IV. Cupressineae. Rich. Gen. Chamaecyparis. Spach. Sect. II.
Retinospora. Sieb. & Zucc.

Sie erwächſt zu einem etwa 3 M. hohen Strauch, von unten an dicht mit horizontalen zahlreichen Zweigen beſetzt, und hat gleich= falls in Japan ihre Heimath.

Für kleinere Gärten, einzeln auf Raſen gepflanzt, iſt ſie von großer Schönheit; im Winter färbt ſich die Belaubung tiefbraun.

Blätter gegenſtändig, auch mitunter zu dreien, abſtehend oder herabgebogen, flach lineal, oberſeits mit zwei zarten, graugrünen Streifen gezeichnet, ſtumpfſpitzig, an der Baſis herablaufend.

Sie iſt vollſtändig hart und unempfindlich gegen norddeutſche Winter.

21. Taxodium distichum. (Rich.) Virginiſche Sumpf=Cypreſſe.

Fam. IV. Cupressineae. Gen. Taxodium. Rich. Trib. 2. Taxodineae.

Vorzugsweiſe findet ſich dieſe ſtattliche Cypreſſe in den ſüd= lichen Staaten Nordamerika's, an den Flußufern und Sümpfen von Delaware, ſowie in Maryland und Virginien; in Carolina und Georgien, wie in Oſtflorida und Louiſiana bedeckt ſie große Strecken, welche unter der Benennung „Chpressen=Sümpfe" verrufen sind. Sie geht nicht höher als bis zum 40. Grad nördl. Breite, findet sich aber immer nur auf feuchtem und nassen Terrain, wo sie denn auch ihre Vollkommenheit erreicht, indem man häufig Bäume von 30 M. Höhe und bis zu 4 M. Stärke findet.

Der Wuchs des Schaftes ist eigenthümlich, indem derselbe etwa 4 bis 5 M. über der Erde plötzlich um $\frac{1}{4}$ bis $\frac{1}{3}$ an Stärke abnimmt und von da an kegelförmig erscheint.

Eine noch besonders interessante Erscheinung sind die aus den Hauptwurzeln entstehenden Bildungen, welche als 1,5 M. hohe und 0,3 M. im Durchmesser starke, hohle, pyramidenförmige, an der Spitze kolbige, mit röthlicher glatter Rinde bedeckte Auswüchse erscheinen, und die von den Eingeborenen zu Bienen=Wohnungen hergerichtet werden.

Die Blätter, welche ihre herrliche Belaubung bilden, sind wechsel=ständig, flach, lineal, zweireihig und kammförmig gestellt, horizontal ausgebreitet, an der Basis gedreht, in eine scharfe Spitze aus=laufend, 1 bis 1,5 CM. lang, hellgrün, mitunter röthlich ange=laufen, mit der convexen Seite etwas auswärts gebogen, im Spät=herbst oder Winter abfallend.

Die Blüthezeit fällt in den Monat April; weibliche und männ=liche Blüthen getrennt auf einem Stamme.

Zapfen rundlich eiförmig, 3 CM. breit, von dunkelbrauner Farbe, meist in 15 Fächer getheilt, deren jedes zwei dreikantige, etwas gedrehte, eng aneinanderliegende Samen einschließt; mit der Reife trennen sich die Fruchtschuppen und lassen die Samen fallen. Die Fruchtschuppen sind dick, eckig und holzartig, von ungleicher Größe, in der Mitte mit einer kleinen, bei der Reife verschwin=denden Narbe versehen. Reifzeit des Samens gegen Ende August.

Die Rinde dieser raschwüchsigen Chpresse ist braunroth, wenig ablösend, meist glatt; ihre Beastung besteht nur in schwachen, herabhängenden Aesten.

Das Holz ist weißgelb, an der Luft eine röthliche Farbe an=nehmend, fest, schwer, von feiner Textur und von vielen feinen, harzigen Theilchen durchdrungen.

Für den Schiffsbau liefert diese Cypresse treffliche Masten, Raen, Planken und sonstiges Schiffsbau-Material, ferner werthvolles Bau-, Stab- und Werkholz, sowie Dachschindeln; auch nimmt dasselbe bei Tischlerarbeiten eine schöne Politur an, und enthält ein ätherisches Oel nebst Harz, außerdem auch einen feinen Terpentin.

Der Boden zum günstigen Fortkommen muß wenigstens frisch sein, in trockenen Bodenarten gedeiht sie nicht, und geht kümmernd bald ein.

In den ausgedehnten Sumpfmooren Virginiens, Louisiana's ꝛc., sowie au den Ufern des Missisippi und Red River bildet die Sumpf-Cypresse nebst niedrigem Sumpfgesträuch fast den alleinigen Bestand. Baumriesen von enormer Größe stehen hier, ihre Aeste verflechtend, zusammengedrängt. Dieses sumpfige Terrain, oftmals meilenweite Flächen bedeckend, besteht meist aus einem unergründlichen Schlamm, vermischt mit den modernden Pflanzenleichen, die durch den Zahn der Zeit oder durch Stürme niedergeworfen wurden.

Durch solch ungestörte und fortdauernde Anhäufung dieser Pflanzenreste erhebt sich der Boden dieser ausgedehnten Sümpfe immer mehr über das Niveau des umgebenden Terrains, und finden hier manche nicht unbedeutende Flüsse ihre Geburtsstätte.

Von den westlichen Grenzen des nördlichen Frankreichs durch Belgien, Holland, Norddeutschland u. s. w. zieht sich ein mehrere hundert Meilen langer Gürtel flachen Bodenlandes hin, das nur hin und wieder durch niedere, wellige Bodenerhöhungen gekennzeichnet ist.

Ganz analog hiermit sind die Küstenparthien Virginiens, Florida's, Georgiens und weiter herabwärts, dort, wie auch hier unter der Benennung Kiefernhaide (Pine barrens) bekannt.

Während nun hier in der nordeuropäischen Ebene der trockene, kieshaltige Boden unermeßliche Wälder der genügsamen **Pinus sylvestris (Lin.)** trägt, tritt dort in noch großartigerem Maßstabe die **Pinus australis (Michx.)**, Besen- oder Sumpfföhre, in geringer Vermischung mit noch einigen andern Kiefernarten den Hauptbestand bildend, auf; der Sumpf-Cypresse die hier häufig vorkommenden Sumpf- und Moor-Parthien überlassend.

Die südliche Grenze des in seiner Breite vielfach wechselnden nordeuropäischen Flachlandes wird durch hügelartige Boden = Erhebungen markirt, und man darf wohl annehmen, daß diese die früheren Meeresküsten waren, und das Meer das von hier ab nördlich gelegene Flachland ehemals bedeckte.

Flache, muldenförmige, oftmals meilenweite Bodenvertiefungen, die aber von geringen Bodenerhebungen umschlossen sind, haben hier seit dem successiven Zurücktreten des Meeres zur Bildung großer Sumpf = und Moorstrecken die Veranlassung gegeben.

Dieses wäre nun das Terrain, entstanden wie jenes in den südlichen und mittleren Staaten Nordamerika's, wohin die virginische Sumpf = Cypresse gehört, denn hier findet sie mit geringen Abänderungen eine neue ihr zusagende Heimath, um so sicherer, da ihr unsere norddeutschen klimatischen Verhältnisse nicht hindernd in den Weg treten.

Außer diesen nordeuropäischen ausgedehnten Sumpfmooren giebt es aber noch ein weiteres wohl zu beachtendes Terrain, wo diese schöne und nutzbare Cypresse vortreffliche ihr zusagende Standorte finden würde; hierher gehören vorzugsweise die frischen und humusreichen Ränder der Bäche, Flüsse, Weiher und Landseen, sie würde zwischen dem hier meistens vorkommenden Weiden = und Erlen-Gestrüpp, als Schutzholz betrachtet, herrlich gedeihen, und als stattlicher Riesenbaum etwa angrenzenden Culturflächen um so weniger durch Beschattung nachtheilig werden, da ihre leichte und zart gefiederte Belaubung eine Beeinträchtigung nicht befürchten läßt.

Zu bedauern ist es in der That, daß man mit ausgedehntem forstlichen Anbau noch nicht vorgegangen ist, um so mehr, da diese Cypresse neben einer ausgezeichneten Holzproduction nicht allein dazu bestimmt zu sein scheint, öde, unzugängliche und ertraglose Sumpfflächen zu bewalden, sondern auch durch ihre malerische und imposante Belaubung das Mittel an die Hand giebt, das düstere und melancholische landschaftliche Bild der norddeutschen Ebene zu verschönern.

22. Cryptomeria japonica. (Don.) Japanische Cypresse.

Fam. IV. Cupressineae. Gen. Cryptomeria. Don. Trib. 2. Taxodineae.

Eine schlanke, pyramidal wachsende, sehr schöne Cypresse, welche eine Höhe von 30 M. erreicht. Die Rinde ist bräunlichroth und das Holz compact, sehr weiß, weich und leicht zu verarbeiten.

Sie wurde im Jahre 1842 von dem botanischen Reisenden Fortune in Japan und China angetroffen und von ihm nach England eingeführt; bei Shanghai findet sich diese Cypresse häufig als herrlicher Alleebaum cultivirt.

In dem schönen Park von Dropmore (England) sieht man bereits wahre Pracht=Exemplare von 10 M. Höhe.

Daß sie im nördlichen Deutschland vielfach nicht aushält, liegt lediglich nur daran, daß man ihr einen verkehrten Standort giebt. Sie wächst auch bei uns mit Sicherheit, wenn man sie den rauhen Nord= und Ostwinden nicht exponirt, und ihr womöglich an süd= westlichen oder westlichen Berghängen durch Umpflanzung rasch wachsender Pinus-Arten einen geschützten Stand bereitet; dabei verlangt sie zugleich einen mehr trockenen, leichten, aber humusreichen Boden, denn auf schwerem, nassen Boden hält sie nicht lange aus. Auf solchem Standort, bis zum achten bis zehnten Jahre geschützt, darf man annehmen, daß sie, allmählig freier gestellt, und bedeutend erstarkt, die norddeutschen Winter unbeschädigt aushalten werde.

Die Blätter stehen wechselständig, herablaufend, sitzend, pfriemen= förmig und sichelförmig, etwas einwärts gekrümmt, von der Seite zusammengedrückt, ober= und unterseits gekielt, daher im Querschnitt rautenförmig vierkantig, von imposantem Hellgrün, bis 1,5 CM. lang. Im Winter gebräunt.

Zapfen einzeln, auch in Büscheln, fast kugelrund, von der Größe einer Herzkirsche und schmutzig braunrother Farbe.

Fruchtschuppen 16 bis 18, ziemlich locker anliegend, keulen= förmig, an den Rändern gekerbt und am oberen Rand mit häu= tigen Anhängseln versehen. Samen etwa fünf unter jeder Frucht= schuppe, zusammengedrückt, eckig, schwach geflügelt.

Schon als junge Pflanze von einiger Höhe ist diese Cypresse eine herrliche Erscheinung, wozu ihre bogenförmig herabhängenden stielrunden Aeste, mit prachtvoll lichtgrüner Benadelung bekleidet, beitragen. Sie ist ungemein raschwüchsig, wenn sie auf richtigem Standort und angemessenem Boden steht, und erreicht binnen wenigen Jahren bereits eine Höhe von 3 bis 4 M.

Die Wälder der drei großen japanischen Inseln sollen nach Dr. Siebold zum zehnten Theil aus dieser majestätischen Cypresse bestehen.

Im Park wird sie am besten wegen ihrer effectvollen lichtgrünen Benadelung vor dunkles Nadelgehölz placirt, und eignet sie sich weniger aus diesem Grunde auf Rasenparthien.

23. Cryptomeria elegans. (Veitch.) Zierliche japanische Cypresse.

Aus Japan, eingeführt in England im Jahre 1863. Sie wächst strauchartig, einen dichten Busch von 2 bis 3 M. Höhe bildend.

Ihre Blätter stehen wechselständig, herablaufend, pfriemenförmig, fast flach, sehr abstehend, 1,5 CM. lang, sehr schmal, von bläulichgrüner Färbung.

Die Zweige sehr zahlreich, wechselständig, dicht gestellt, mit hellgelber Rinde bekleidet.

Diese sehr raschwüchsige Cypresse eignet sich auch vorzugsweise für kleinere Anlagen, und macht auf Rasen gestellt einen eigenthümlich schönen Effect; im Winter färbt sich die Belaubung tief kupferbraun, und geht mit Beginn des Frühlings in eine schöne bläulichgrüne Färbung wieder allmählig über.

Sie liebt humusreiche, leichte Bodenarten und mäßig schattigen Standort.

24. Biota orientalis Verschaffeltii. Eleganter Lebensbaum.

Fam. IV. Cupressineae. Gen. Biota. Don. Trib. 3. Thujopsideae.

Von Biota orientalis (Don.) ist dieser schöne Lebensbaum eine Varietät, welche in Lüttich aus Samen der Stammform erzogen sein soll.

Wird diese Varietät so hoch als die Stammform, so wird sie 6 bis 7 M. Höhe erreichen.

Ihre Zweige sind von der Spitze herabwärts vom intensivsten Goldgelb, bis zur Mitte der Verzweigungen allmählig matter verlaufend und in's Grüne übergehend.

Einzeln auf Rasen placirt, macht dieses pyramidenförmig wachsende Bäumchen einen überraschend schönen Effect, um so mehr, da bei den Nadelhölzern solche intensive Färbung selten ist; wegen seiner geringen Größe eignet es sich besonders auch für kleinere Anlagen, und liebt leichte, humose Bodenarten und halbschattigen Standort.

Während des Winters verschwindet die goldgelbe Färbung, in eine grüne allmählig übergehend, und beginnt erst mit Anfang Mai wiederzukehren.

25. Thuja plicata Warreana. (Hort.) Varietät des gefalteten Lebensbaumes.

Fam. IV. Cupressineae.   Gen. Thuja. Lin.

Diese schöne Varietät des gefalteten Lebensbaumes Thuja plicata (Don.) aus dem westlichen Nordamerika und Sibirien erreicht eine Höhe von 3 bis 4 M., und ist mit dicht gestellten, zusammengedrückten Zweigen mit dunkelgrüner Benadelung ausgestattet. Der Wuchs ist regelmäßig pyramidal, und er liebt gleichfalls humose, leichte Bodenarten.

Zur Anpflanzung in kleineren Anlagen sich sehr eignend, wird er auch als Trauerbaum auf Grabstätten häufig verwandt.

26. Thuja occidentalis. (Lin.) Abendländischer Lebensbaum.

Dieser bereits im Jahre 1566 aus Nordamerika und Sibirien in Europa eingeführte Lebensbaum erreicht eine Höhe von 12 bis 16 M., mit einem Stamm-Durchmesser von 0,30 bis 0,40 M.; seine Aeste stehen locker und horizontal ausgebreitet, meistens theilt er sich am Boden in mehrere Stämme.

Die Blätter stehen gegenständig, regelmäßig vierreihig, dachziegelartig gestellt, schuppenförmig, oval rautenförmig, stumpf zugespitzt, auf dem Rücken mit einer sichtbaren Drüse gezeichnet, gelblich = dunkelgrün, die Randblätter nachenförmig, auf beiden Seiten überklappend.

Zapfen einzeln, kurz gestielt, mit kleinen, schuppenähnlichen Anhängseln, oval, 1 CM. lang.

Fruchtschuppen länglich, meist sechs an der Zahl. Samen sehr klein, linsenförmig zusammengedrückt und rundum geflügelt.

Die jüngeren Zweige und das Holz besitzen einen stark balsamischen, angenehmen Geruch.

In fast jedem Park findet man Gruppen dieses schönen Lebensbaumes; ganz besonders aber findet er, wegen der Eigenthümlichkeit, unten am Stamme sich in Verzweigungen zu theilen, Verwendung zu schönen immergrünen und dichten Heckenanlagen.

Man pflanzt verschulte dreijährige Stämmchen von etwa 0,30 M. Höhe in 0,30 M. Entfernung auf gut zubereitete und gelockerte Bodenstreifen von 0,60 M. Breite, und hält die Hecke mittelst der Scheere in einer Dicke von etwa 0,20 M. Bei alljährlicher Pflege, Bodenlockerung und Reinigung hat sie binnen vier Jahren die genügende Höhe von $1^1/_4$ bis $1^1/_2$ M. erreicht. Eine solche Hecke, wenn sie alljährlich um Johanni einmal geschoren wird, bleibt an der Erde so dicht als oben, und bietet Nistplätze für nützliche Singvögel, die vorzugsweise gern in solchen dichten Hecken ihre Brutplätze suchen.

27. Thuja gigantea. (Nutt.) Riesiger Lebensbaum.

Ein eleganter und stattlicher Baum aus dem westlichen Nord-Amerika, wo er häufig am Columbiafluß und Nutka=Sund gefunden und in Europa 1854 eingeführt wurde.

Er erreicht die bedeutende Höhe von 80 bis 90 M. und trägt im Alter einen flachen, schirmförmigen Wipfel.

Das Holz ist sehr werthvoll, hellgelb und geadert.

Blätter gegenständig, vierreihig, locker, dachziegelartig gestellt, schuppenförmig, glänzend grün; die Randblätter an den Seiten überklappend und fast dreieckig geformt.

Zapfen einzeln, aufrecht, länglich, von blaß=olivenbrauner Farbe.

Fruchtſchuppen fleiſchig, das obere Paar an den Rändern zu=
ſammengepreßt, die unteren überklappend, viel kürzer, in eine
ſtumpfe hakige Spitze endigend.

Samen je zwei unter einer Fruchtſchuppe, etwas kantig, auf
der einen Seite gerundet und mit einem elliptiſchen Flügel verſehen.

Ein ſtattlicher Parkbaum, nur für größere Anlagen paſſend;
liebt friſchen und humusreichen Boden, worin er ſich ziemlich raſch=
wüchſig zeigt.

28. Thuja Menziesii. (Dougl.) Menzies' Lebensbaum.

Dieſer ſehr ſchöne Lebensbaum wurde von Douglas an der
Nordweſtküſte von Amerika und in Californien entdeckt; er erreicht
eine Höhe von 12 bis 16 M., mit langen, biegſamen Aeſten, welche
dicht mit kurzen, flachen Zweigen bedeckt ſind.

Blätter gegenſtändig, vierreihig dachziegelartig geſtellt, ſchuppen=
förmig, ſcharf zugeſpitzt, an der Baſis verbreitert, auf dem Rücken
ohne Drüſen, die Randblätter mehr oder weniger lanzettförmig,
borſtig zugeſpitzt, auf beiden Seiten überklappend.

Zapfen klein, oval, gegen beide Enden ſich verſchmälernd,
nickend, einzeln an den äußerſten Enden der Zweige. Fruchtſchup=
pen an der Spitze ſtumpf, beinahe gerundet.

Dieſer ſehr ſchöne Lebensbaum gehört mit zu den empfehlens=
wertheſten Parkbäumen, und macht am meiſten Effect in Gruppen=
form angepflanzt, in Entfernungen von 3 M. Er liebt denſelben
Boden, wie der vorhergehende Lebensbaum.

29. Thujopsis dolabrata. (Sieb. & Zucc.) Spatelförmiger Lebensbaum.

Fam. IV. Cupressineae. Gen. Thujopsis. Sieb. & Zucc.

Dieſer elegante Baum aus Japan auf der Inſel Nipon und zu
Fakonia, auch als ſtattlicher Alleebaum zwiſchen Miaco und Jeddo
vorkommend, und als Zierbaum häufig in den japaniſchen Gärten
ſich findend, gehört mit zu den ſchönſten Einführungen letzterer Jahre.

Er wächſt zu mächtigen majeſtätiſchen Bäumen heran, mit wirtel=
förmig hängenden Aeſten und zweizeilig beblätterten Zweigen.

Eingeführt wurde er im Jahre 1853.

Blätter gegenständig, vierreihig dachziegelartig gestellt; Schuppen breit, eiförmig, dick, an den Spitzen hobelförmig, abgerundet, in der Länge gefurcht, glänzend dunkelgrün, auf der unteren Seite silberweiß; Randblätter reitend, fast sichelförmig zugespitzt.

Zapfen klein, ungestielt, oval und sparrig. — Fruchtschuppen dick, holzig, sechs bis acht an der Zahl, an der Spitze verdickt, zurückgebogen. — Samen je zwei unter einer Fruchtschuppe, gleich= mäßig zweiflügelig.

Er verlangt gleichfalls zu gedeihlichem Fortkommen leichte, humusreiche und frische Bodenarten, und einen geschützten Stand gegen Nord= und Ostwinde.

Dieser noch immer seltene Lebensbaum ist auch für unser nord= deutsches Klima ausdauernd, woran man bisher zweifelte, indeß haben junge dreijährige Stämmchen den Winter von 1870/71 bei einer Maximal=Kälte von 20° R. ohne alle Bedeckung gut durch= gehalten, und hatten sich die Blätter nur wenig gebräunt.

Er wird in Parkanlagen den Rang als einer der ersten und stattlichsten Zierbäume einnehmen.

30. Arceuthos dupracea. (Ant. & Kotschy.) Pflaumen= früchtiger Wachholder.

Fam. IV. Cupressineae. Gen. Arceuthos. Ant. & Kotschy. Trib. 5. Juniperineae.

Dieser prachtvolle Wachholder hat seine Heimath im nördlichen Syrien, auf dem Monte Cassio und in Kleinasien.

Er erreicht bei einer Höhe von 10 M. einen Durchmesser bis zu 0,60 M., und wurde durch Kotschy im Jahre 1854 in Eu= ropa eingeführt.

Blätter starr, sitzend, abstehend, die älteren oft zurückgeschlagen, pfriemenförmig, dreieckig lanzettförmig, scharf stechend, zu dreien gegenständig, an der Basis schmäler und wulstig verdickt, oberseits flach, concav; die zahlreichen kleinen Spaltöffnungen hechtblau über= laufen, mit aufgeworfenen Rändern, unterseits von intensiv glän= zendem Grün, 2 CM. lang, 0,5 CM. breit.

Blattknospen endständig und achselständig, eiförmig.

Beerenzapfen achselständig, oval oder fast kugelig, etwa 2,5 CM. lang, im reifen Zustande dunkel=purpurroth mit grauviolettem Duft überzogen, aus sechs bis neun fleischigen, zu dreien gestellten Schuppenquirlen gebildet. Das Fleisch der Beerenzapfen ist reif trockenbreiig, 0,5 CM. dick, von Harzgängen durchzogen, aromatisch riechend, süß, mit harzigem Beigeschmack, gelbbraun gefärbt.

Der Steinkern enthält 3 bis 6 Stück dreieckige Samenkerne.

Die Früchte reifen mit Ende October; das Fleisch wird zu Muß ausgesotten, und getrocknet als eine Art Marmolade aufbe=wahrt, welche — wie auch die Früchte — einen bedeutenden Han=delsartikel ausmachen.

In der Gebirgsgruppe des Bulgar=Dagh, 1500 bis 1800 M. über dem Meere, dem cilicischen Taurus angehörig, findet sich dieser Wachholder allenthalben verbreitet, jedoch vorzugsweise an den südlichen Einhängen.

Die Aeste stehen am Stamme unregelmäßig vertheilt, sehr dicht, und bilden eine abgerundete, breit konische Krone. Die aschgraue alte Rinde löst sich in Längenstreifen ab, und ist die darunter lie=gende junge Rinde röthlichbraun und sammetartig.

Das enorm dichte Holz ist rostbraun, angenehm riechend, der Splint schwefelgelb; die oberen Aeste stehen aufgerichtet, die unteren mehr hängend.

Unter den Wachholderarten ist diese Species jedenfalls die schönste, und kann ihr Anbau im Park nicht genug empfohlen werden. Bei der großen Nutzbarkeit seines trefflichen Holzes wie seiner Beerenzapfen darf man annehmen, daß er auch demnächst als Waldbaum in unsern Wäldern seinen Platz finden wird, um so mehr, da der Samenbezug aus seinem Vaterlande große Schwie=rigkeiten nicht bietet.

31. Juniperus virginiana. (L.) Virginischer Sevenbaum.

Fam. IV. Cupressineae. Gen. Juniperus. Lin. Sect. 2. Sabina. Spach.

Dieser sehr schöne und nützliche Wachholder hat seine Heimath in den Vereinigten Staaten von Nordamerika, namentlich auf der

Ceder=Insel im Champlain=See und im Maine=District, von wo er sich bis zum Cap Florida ausdehnt, und den Golf von Mexiko umschließend, mehr als 3000 englische Meilen bedeckt. Auch in Virginien und den südlichen Staaten findet man ihn auf ebenem, trockenen, sandigen Boden, namentlich in den westlichen Staaten, wo er jedoch niedrig und buschig bleibt.

Eingeführt in Europa im Jahre 1664.

Der Baum erreicht bei einer Höhe von 12 bis 16 M. einen Durchmesser bis zu 0,60 M. und bildet einen breit kegelförmigen Wipfel, und im freien Stande bedeckt sich der Stamm von unten herauf mit dicht beisammenstehenden, horizontalen Aesten.

Blätter meist gegenständig, an den älteren Zweigen vierreihig, an den jüngeren Trieben dreireihig gestellt und abstehend, sonst schuppenförmig, dachziegelartig, locker anliegend, oval, scharf zuge= spitzt, auf der Rückseite mit einer Oeldrüse, matt= oder dunkelgrün.

Beerenzapfen klein, kurz gestielt, aufrecht, kugel=eiförmig, glatt oder leicht genadelt, dunkel=purpurfarben und bläulich bereift.

Das Holz wird wegen seiner Stärke, Dauerhaftigkeit und seines Wohlgeruchs hoch geschätzt, und zu den mannigfachsten Zwecken verwandt.

Starke Stämme verwendet man zu Plankenhölzern, zum Bug der Schiffe erster Klasse, und ist sicher, daß solches Holz niemals von Wasser=Insecten angegriffen wird; außerdem wird dasselbe zu den feinsten Schreiner= und Möbel=Artikeln verarbeitet, und dient vor Allem zur Umkleidung der besseren Bleistifte, zu welchem Zwecke dasselbe von keiner andern Holzart übertroffen wird.

Das zu letzterem Zwecke importirte Holz aus Virginien und Florida kostet bis Nürnberg pro Cubic=Fuß 2 Thlr. 8 Sgr., und ist durch den Fabrikbesitzer Herrn Faber zu Stein bei Nürn= berg durch sorgfältige Versuche constatirt, daß das in Norddeutsch= land gewachsene Holz von derselben Brauchbarkeit und Güte zur Umkleidung der feineren Bleistifte ist, wie das beste importirte Holz aus Florida.

In Folge dieser günstigen Resultate beginnt man hin und wieder

in Nord= wie auch in Süddeutschland, diesem schönen Wachholder
in den Wäldern das Bürgerrecht einzuräumen, und auf passendem
Boden und Standort unbezweifelt mit den besten Erfolgen.

Dieser Wachholder erreicht mit 45 bis 50 Jahren einen Durch=
messer von 0,35 bis 0,65 M., und mit dieser Stärke zugleich
seine Nutzbarkeit, wenn man darauf Bedacht nimmt, ihn auf einem
tiefen, leichten, frischen und humusreichen Boden anzubauen.

An südlichen Berghängen gedeiht er wegen daselbst oftmals
vorkommender tiefer Bodenausdörrung nicht, und wählt man besser
südwestliche, westliche und nördliche Berglagen; auch im Thalboden
wächst er vortrefflich, um so mehr, da ihm Spätfröste nicht schaden.

Nämentlich zur Bleifeder=Fabrikation hat nur reinschaftiges
Holz Werth, daher pflanze man in 1,25 bis 1,75 metrischer Ent=
fernung mit drei= oder vierjährigen bereits verschulten Pflänzlingen;
solche Pflanzungen treten auf geeignetem Boden und Standort mit
acht bis neun Jahren bereits in Schluß.

Freistehende Parkbäume, von unten auf dicht beastet, sind
malerisch schön. Solche Stämme liefern ein herrliches Holz zur
Möbelfabrikation, zum Täfeln der Zimmerwände, sowie zur Her=
stellung trefflich schöner Parketböden. Auch wird es vielfach zu
musikalischen Instrumenten benutzt.

32. Juniperus excelsa. (Biebr.) Hoher Sevenbaum.

Dieser stattliche Wachholder wächst auf den Inseln im grie=
chischen Archipel, in Syrien, Armenien und Georgien.

Der botanische Reisende T. Kotschy fand ihn 1853 auf den
Taurischen Alpen, am Bulgar=Dagh, bis zu einer Höhe von
2000 M. über dem Meere, gemischt in Lärchen=Wäldern, nur
vereinzelt herabgehend unter 1300 M. über dem Meere.

Blätter meist gegenständig, dicht dachziegelartig vierreihig gestellt,
schuppenförmig, eiförmig, dick stumpf, auf dem Rücken ungekielt,
mit einer fast runden Oeldrüse versehen.

Beerenzapfen fast kugelrund, einzeln an den Enden der kurzen
Zweige, höferig mit einer bis drei Stachelspitzen, tiefblau=purpurn,
gewöhnlich drei= bis fünffamig.

Der Baum erreicht eine Höhe bis zu 20 M., mit vielen kur=
zen, an den Enden aufwärts gerichteten Aesten besetzt. Die Zweige
sind steif, rund und dicht mit graugrünen Blättern ausgestattet.

Eingeführt in Europa im Jahre 1830.

Ein sehr schöner Parkbaum, in Gruppenform von fünf bis
acht Stämmen mit Zwischenräumen von 2 bis 3 M. zu pflanzen.

33. Juniperus sphärica. (Lindl.) Kugelrundfrüchtiger Sevenbaum.

Dieser gleichfalls sehr schöne Wachholder stammt aus Nord=
China und wurde im Jahre 1848 von Fortune in Europa
eingeführt.

Er erreicht eine Höhe bis 13 M., und ist der Schaft mit
zahlreichen dünnen, gekrümmten Aesten besetzt, und die rundlichen,
etwas kantigen Zweige sind dicht mit lebhaft grünen Blättern bekleidet.

Blätter gegenständig, dicht dachziegelartig, vierreihig gestellt,
schuppenförmig, stumpf zugespitzt, auf dem Rücken mit einer kleinen
eingesunkenen Oeldrüse versehen, glänzend lebhaft grün.

Beerenzapfen kugelrund, glatt und grauviolett.

Ein eben so schöner Parkbaum als der vorige, im Park gleich=
falls in der Zusammenstellung als Gruppe effectvoll.

34. Cephalotaxus Fortunei. (Hook.) Fortune's Kopf=Eibe.
Fam. V. Taxineae. Rich. Gen. Cephalotaxus. Sieb. & Zucc.

Eine prachtvolle Eibe von 18 bis 20 M. Höhe und bis 0,60 M.
Durchmesser erreichend, wurde von dem botanischen Reisenden
Fortune im nördlichen China in der Provinz Yang-Sin entdeckt,
und im Jahre 1848 in Europa eingeführt.

Der Baum ist mit langen, dünnen, quirlförmig gestellten hängen=
den Aesten, welche mit zweireihig gegenständig gestellten, ruthen=
förmigen Zweigen besetzt sind, ausgestattet.

Die Blätter sind wechsel-, auch gegenständig, zweireihig gestellt,
lang lineal, allmählig in eine scharfe Spitze auslaufend, sehr kurz
gestielt, ganz flach, etwas zurückgekrümmt, oben glänzend hellgrün,
unterseits mattgrün, bis 6 CM. lang.

Die Knospen sind sehr klein, mit langen, spitzigen, glänzenden röthlichbraunen Schuppen bekleidet.

Die Steinfrucht ist bis 3 CM. lang und halb so breit, oben mit einer kleinen Spitze versehen. — Samen in einen fleischigen, purpurfarbigen, becherförmigen, nach oben offenen Mantel einge= schlossen. Schale ziemlich dünn, knochenhart.

Diese herrliche Kopf=Eibe gehört zu den decorativsten Bäumen für den Park, und wird, als Gruppe gepflanzt, besonders effect= voll wirken.

35. Salisburia adiantifolia. (Smith.) Ginkgo=Baum.
Fam. V. Taxineae. Rich. Gen. Salisburia. Smith.

Dieser interessante Baum, welcher als ein Zierbaum ersten Ranges gilt, hat seine Heimath in China und Japan, und erreicht bei einer Höhe von 30 M einen Durchmesser bis zu 4 M.

Das Holz ist weich, von weißlicher Farbe, leicht zu bearbeiten, und nimmt die schönste Politur an, in welchem Zustande es dem Citronenholze sehr ähnlich ist.

Der Stamm wächst sehr gerade und ist mit einer rauhen grauen Rinde bekleidet, während die Rinde der jüngeren Zweige röthlich= braun und glatt ist.

Die Aeste stehen wechselständig und horizontal, mitunter etwas hängend, sehr selten aufwärts gerichtet.

Die kurzen Zweige tragen drei bis fünf rosettenartig gestellte Blätter, während bei den einjährigen Zweigen die Blätter ab= wechselnd einzeln stehen; sie sind breit, fächerförmig, an der Basis keilförmig, vorne gekerbt und durch einen tiefen Einschnitt zweilappig, an den Rändern wollig, geadert, glatt und lederartig, auf beiden Seiten matt hellgrün, jährlich abfallend.

Steinfrucht oval, kugelförmig, 2 CM. im Durchmesser haltend. — Der Samen nußartig, von einem fleischigen Becher umgeben. Schale beinhart, stark nachenförmig und leicht zugespitzt an beiden Enden. Fruchthülle fleischig, hellgrün, oder gelblich.

Es giebt nur männliche oder weibliche Bäume; die älteren in Europa befindlichen Bäume waren nur männliche.

Als Einzelbaum, noch schöner als Gruppe von fünf oder sieben Stämmen, deren Entfernung 4 bis 5 M. betragen darf. Auf Rasen gestellt ist er von ungemeiner Schönheit, wozu die Belaubung, die in der nordischen Baumwelt nichts Aehnliches hat, ganz besonders beiträgt.

Der Ginkgobaum verlangt einen frischen, nicht nassen, humusreichen, sandigen Lehmboden, und wächst hierin angemessen rasch.

36. Caryotaxus grandis. Große Nuß-Eibe.
Fam. V. Taxineae. Rich.   Gen. Caryotaxus. Zucc.

Diese so sehr schöne und stattliche Nuß-Eibe wächst heimisch im nördlichen China, besonders auf den Chekiang-Bergen in einer Höhe von 1000 M. über dem Meere.

Blätter wechselständig, fast gegenständig, genau zweizeilig stehend, lineal, lanzettförmig, in eine scharfe Spitze auslaufend, kurz gestielt, an der Basis gedreht, herablaufend; oberseits prachtvoll glänzend grün, unterseits mattgrün und weißlich gestreift, 2 bis 2,5 CM. lang.

Steinfrucht, oval 2 CM. lang, grün, von klebrigem, weichen Fleische umgeben.

Dieser prachtvolle immergrüne Baum mit weit ausgebreitetem Wipfel erreicht eine Höhe von 13 bis 15 M., und gehört zu den decorativsten Parkbäumen.

Er wächst freudig und ziemlich rasch in einem leichten, humusreichen und etwas frischen Erdreich, verlangt aber ähnlich wie die Cryptomeria gaponica (Don.) einen geschützten und halbschattigen Standort gegen Norden und Osten; eine geschützte West- oder Südwest-Seite ist allen andern Lagen vorzuziehen.

Erfahrungen über die Cultur der Abietineae.

Bei den Laubhölzern wurde speziell die Erziehungsart in extenso mitgetheilt; da nun aber bezüglich dieser Pflanzenfamilie eine größere Uebereinstimmung in der Anzucht und Behandlung herrscht, so lasse ich das Wesentlichste in allgemeinen Umrissen folgen.

Die Vermehrung der sämmtlichen Species dieser reichhaltigen

und so ungemein interessanten Pflanzenfamilie geschieht am sichersten durch Aussaat der Samen. Der dazu günstigste Zeitraum beginnt mit der ersten Hälfte des Monats April und endet mit der Mitte des Monat Mai.

Früher zu säen, ist nicht anräthlich, da der Boden noch nicht genügend durchwärmt ist; später — nach Mitte Mai — noch zu säen, läßt befürchten, daß die jungen Pflanzen bis zum Winter nicht gehörig verholzen und gegen die Kälte nicht widerstandsfähig genug werden.

Eine Ausnahme von diesem Verfahren machen einige hartscha= lige Samen, z. B. die der Pinus Lambertiana (Dougl.) u. a. m. Solche bereitet man schon frühzeitig zur Keimung vor, indem man bereits im October oder November diese Samen mit sandiger Erde durchschichtet, in Töpfe legt, und solche an geschützte Orte in's Freie stellt, wodurch die harte Schale mürbe und der Keimungs= proceß erleichtert wird.

Mit Anfang Februar werden die Töpfe in Ermangelung eines Wärmhauses der Stubenwärme am Fenster ausgesetzt. Sobald die Keime sich zeigen, was meistens innerhalb 6 bis 8 Wochen geschieht, wenn eine mäßige Feuchtigkeit der Erde ununterbrochen unterhalten wurde, nimmt man die Samen heraus und legt sie einzeln in kleine, etwa $2^1/_2$ zöllige, mit humusreicher, sandiger Erde gefüllte Töpfe, worin denn die jungen Pflanzen bis Ende Mai gut eingewurzelt sind.

Hiernach werden sie auf einem geschützt liegenden Beete im Freien bis $^1/_2$ Zoll über den Topfrand in die Erde eingesetzt und nach Bedürfniß gegossen. Mit Ende August werden sie in größere, etwa $4^1/_2$= bis 5 zöllige Töpfe umgesetzt, wobei die Wurzeln nicht beschnitten, sondern nur in ihren äußeren Wurzelballen etwas ge= lockert werden.

Die Töpfe werden nun in vorhin bezeichneter Weise wieder eingesetzt, und sind die Pflanzen nunmehr erstarkt genug, um den kommenden Winter im Freien verleben zu können. In Rücksicht dieser immerhin noch zarten einjährigen Pflanzen wird ihnen zu größerer Sicherheit durch zwischen gesteckte Nadelholz=Zweige und

Deckung des Bodens mit einer Laubschicht der nöthige Schutz gegen die Winterkälte verschafft.

Die Auspflanzung in die freie Erde findet gegen Ende Mai statt, wobei man den Topfballen mit guter Compost = Erde einige Zoll stark umgiebt.

Die Aussaat der nicht hartschaligen Samen findet, wie bereits gesagt, von Anfang April bis Mitte Mai statt.

Man wähle hierzu Saatbeete mit leichtem, humusreichen Boden und säe in Saatrillen, oder besser: in mit vierzölliger Säelatte vorgedrückte flache, etwa 0,5 CM. tiefe Rillen. Die Samen werden nach ihrer vorher erprobten Keimfähigkeit näher oder entfernter gesät, mit Sand vermischter, humusreicher Erde bedeckt, und zwischen den 25 CM. entfernten Saatrillen mit gesteckten kurzen Nadelholz= Zweigen mäßig beschattet.

Die Bedeckung der Samen richtet sich lediglich nach der Stärke der Samenkörner, und man nimmt im Allgemeinen an, daß die Stärke der Bedeckung der Dicke der Samen analog sein muß.

Mit dem Aufgehen der jungen Saaten, oder gleich nachher, müssen die Beete fleißig gejätet und gelockert werden, und man muß Alles aufbieten, um die jungen Pflanzen in ihrer ersten Lebens= periode zu unterstützen; besonders empfiehlt sich eine Beidüngung von alter abgelagerter Rasenasche.

Tafel VI. enthält die verjüngte Abbildung einer sehr practischen Hacke, welche sich beim Jäten und Lockern des Bodens vortrefflich bewährt, und die tiefgehendsten Unkräuter mit Leichtigkeit aushebt.

Sind die Pflanzen bis Anfangs September erstarkt genug, so beginnt man sofort mit der Versetzung auf vorher gut zubereitete Beete. Die Pflanzen werden vorsichtig mit einem Messer ausge= hoben und mit der daranhängenden Erde in einer Entfernung von etwa 12 CM. eingepflanzt, wobei man die zarten Wurzeln strahlen= förmig auseinander legt. Bis zum Eintritt des Winters sind sie vollständig angewachsen, und im Einzelstande bereits so erstarkt, um den kommenden Winter ohne Nachtheil ertragen zu können. Mit Ende September hört man mit dem Verpflanzen auf, indem nach dieser Zeit das Anwachsen bis zum Winter unwahrscheinlich ist.

Um Nadelhölzer noch im 10= bis 15 jährigen Alter mit Sicher=
heit des Anwachsens verpflanzen zu können, müssen die dazu be=
stimmten Exemplare regelmäßig alle zwei Jahre umgepflanzt werden;
nur durch dieses Verfahren bildet sich ein so reichverzweigtes Wurzel=
gewebe, was beim Ausheben den Wurzelballen auf's Vollständigste
festzuhalten vermag, und können derartige Pflanzen, unter Anwen=
dung gehöriger Vorsicht bei der Verpackung, weithin versandt werden.

Beim Pflanzen an die bleibende Stelle hat man um so mehr
alle Vegetations=Bedingungen auf's Genaueste zu erwägen, indem
die Pflanze auf dem ihr zugewiesenen Platze leben und die erfor=
derlichen Bedürfnisse vorfinden muß, welche zu einer vollendeten
Ausbildung nothwendig sind.

Die Bodenverhältnisse müssen ihr vollkommen angepaßt sein,
und vor Allem bedarf der Standort einer genauen Prüfung, nament=
lich bei in der Jugend empfindlichen Pflanzen, welche geschützt gegen
ungünstige Witterungs=Verhältnisse stehen wollen.

Manche Pflanzen=Species wird für unser norddeutsches Klima
als nicht ausdauernd bezeichnet, mitunter stellt sich jedoch heraus,
daß sie auf einem richtig gewählten Standort aushält und gute
Wachsthums=Fortschritte macht.

Besondere Beachtung muß man der Anfertigung der Pflanz=
löcher schenken, sie müssen vor Allem weit genug sein, um eine
Umhüllung der Wurzeln mit Compost oder humusreicher Erde zu
gestatten; ob man sie in quadratischer oder runder Form anfertigt,
darauf kommt im Wesentlichen nichts an, aber weit genug können
sie kaum sein, denn je größer, um so mehr wird der anwachsenden
Pflanze gelockerter Boden dargeboten, in den sie unbehindert ihre
neuen Wurzelbildungen eintreten lassen kann.

Vor dem Versetzen der Pflanzen ist ein richtiges Verhältniß
zwischen ihren ober= und unterirdischen Ernährungs=Organen her=
zustellen; denn es ist wohl nicht zu umgehen, daß selbst bei vor=
sichtigem Ausheben einer Pflanze mehr oder weniger Wurzeln in
der Erde zurückbleiben. Um dieses Mißverhältniß auszugleichen,
müssen die oberen Verzweigungen so eingekürzt werden, daß an=
nähernd ein richtiges Verhältniß mit den Wurzeln erreicht wird;

diese Rücksichtsnahme bezieht sich indeß vorzugsweise auf Laubhölzer, indem die Nadelhölzer, mit etwaiger Ausnahme der **Larix-Arten**, durch ihre im Allgemeinen reichlichere Bildung von Faserwurzeln in der unmittelbaren Nähe des Wurzelstocks diese Operation über=flüssig machen, und dabei zugleich ihre characteristische Baumform verlieren würden, die bei gänzlichem Mangel an schlafenden Knospen nicht wieder ersetzt werden würde.

Beim Pflanzen zum Bleiben hat man besonders darauf zu achten, den Stamm nicht tiefer einzupflanzen, als er gestanden hatte; leider wird noch immer zu häufig gegen diese Vorschrift gesündigt.

Durch solche unnatürliche Stellung werden die Wurzeln zu hoch mit Erde bedeckt und können nur in geringem und ungenügenden Maße die wohlthätigen atmosphärischen Einflüsse genießen, welche als die Hauptfactoren des Pflanzenlebens zu betrachten sind.

Um diese das Pflanzen=Wachsthum so außerordentlich fördernden Einflüsse längere Zeit für die Pflanze wirksam zu erhalten, empfiehlt sich eine ein oder mehrmals alljährlich wiederholte Bodenlockerung in der Umgebung des Stammes; so weit die unteren Verzwei=gungen mit ihren Spitzen reichen, wird bei dieser Bodenlockerung gute Compost=Erde oder Rasenasche mit untergebracht, so ist die Wirkung noch intensiver, und findet man hierin ein practisches Mittel, werthvolle Parkbäume rascher und kräftiger heranwachsen zu sehen, welches für den Besitzer solcher Anlagen von besonderem Interesse sein wird.

Diese in der ersten Jugendzeit angewandte aufmerksame Pflege kann dann eingestellt werden, wenn die unteren Verzweigungen des Stammes den Boden dicht beschatten und der Nadelabfall den=selben zu decken und zu verbessern beginnt.

Der Baum ist nunmehr in einem Stadium angelangt, wo er selbst für seine Bedürfnisse sorgen wird.

Einige in der Jugend zarte Coniferen, wie Cryptomeria japonica (Don.), Wellingtonia gigantea (Lindl.), Caryotaxus grandis, Caryotaxus myristica und Biota orientalis Verschaffeltii verlangen zur Sicherung ihres Fortkommens anfänglich bis etwa zum sechsten bis achten Lebensjahre Schutz gegen nach=

theilige Witterungs-Einflüsse und hohe ungewöhnliche Kälte. — Diesen Schutz erreicht man in wirksamer Weise, wenn man die genannten Species mit stark benadelten und raschwachsenden Pinus-Arten umpflanzt, wozu sich vorzugsweise unsere Pinus sylvestris (L.), wie die Varietäten von Pinus laricio (Poir.) eignen.

Werden sie durch zu rasches Heranwachsen, den zu schützenden Pflanzen lästig, so kürzt man die zu nahe herantretenden Zweige und nimmt, wenn der Schutz entbehrlich erscheint, die Stämme nur nach und nach fort, um den bleibenden Stamm nicht mit einem Male frei zu stellen.

Es ist erstaunenswerth, mit welcher Sicherheit man in dieser Weise solche zartere Pflanzen schützt, um so mehr noch, wenn man beim Eintritt des Winters den die Pflanze umgebenden Boden mit einer handhohen Laubdecke versieht und diese gegen Wegführung des Windes mit Reisig bedeckt.

Im Allgemeinen darf man, gestützt auf vielfache Erfahrungen, als Thatsache annehmen, daß zartere Pflanzen um so unempfind-licher gegen die Winterkälte sich zeigen, je älter und erstarkter sie werden, und je besser die letzten Jahres-Triebe aus-gereift und verholzt sind.

Weit gefahrdrohender, und oftmals das junge Pflanzenleben vernichtend, sind die in den ersten Frühlings-Monaten auftretenden Fröste, vorzugsweise für solche Pflanzenarten, welche zu frühzeitig ihre Triebe entwickeln; dahin gehören zum Beispiel die griechischen Tannen-Arten: Abies cephalonica, parnassica nnd arcadica (Laud.) Auch unsere deutsche Edeltanne gehört hierher.

Hat man nun aber Gelegenheit im Knospen-Ausbruch zu voreilige Pflanzen-Arten so geschickt zu placiren, daß sie von den Strahlen der Frühlingssonne nicht direct getroffen werden können, so hat man Hoffnung, das zu frühzeitige Erscheinen der jungen Triebe so lange zurückzuhalten, bis die Frostgefahren vorüber sind.

Die Akklimatisationsstationen haben bislang mit ihren Versuchen, anscheinend ohne günstige Erfolge zu erzielen, gewirkt, und es ist wenig Hoffnung vorhanden, daß sie überhaupt Pflanzen, welche in wärmeren Klimaten heimisch sind, an ein kälteres Klima zu gewöhnen im Stande sein werden. Denn eine derartige Pflanze müßte sich selbst in ihrer äußeren und inneren Construction ab-ändern, was natürlich unmöglich ist. Tritt der Kältegrad ein, an den sie nicht gewöhnt ist und nicht gewöhnt werden kann, so erfolgt unzweifelhaft der Tod.

Es ist sehr zu bedauern, daß die Idee der Afklimatisation auf solche unüberwindliche Hindernisse gestoßen ist, die niemals eine Beseitigung hoffen lassen.

Obgleich bereits bei manchen Coniferen die geeignetsten Boden=Verhältnisse zu ihrem Anbau bezeichnet worden sind, so darf man im Allgemeinen mit Gewißheit annehmen, daß die Pinus-Arten einen lockeren, tiefgründigen, frischen Sand= oder sandigen Lehm=boden verlangen; eine Ausnahme hiervon machen die zur Sect. Strobus gehörenden Arten, welche einen mehr feuchten, selbst nassen thonigen Sandboden vorziehen. Die Abies-Arten wachsen dagegen am freudigsten in einem frischen, lockeren, tiefgründigen, milden Lehmboden, und gedeihen in einer geschützten, etwas schattigen Lage am besten, während die Pinus-Arten gegen Ueberschirmung äußerst empfindlich sind, und bald erkranken; selbst eine Seitenbeschattung ertragen sie nicht und wollen freistehend das volle Licht genießen. Aber auch hier machen die zur Sect. Strobus gehörenden Arten eine Ausnahme, indem sie eine nicht zu starke Ueberschirmung bei Weitem länger ohne großen Nachtheil auszuhalten vermögen.

Die Gattungen der Familie der Cupressineen wachsen vortrefflich in jedem gut cultivirten Gartenboden, der frisch, jedoch nicht feucht sein darf.

Die Gattungen der Familie der Taxineen dagegen wollen einen mehr feuchten und dabei humusreichen Boden, und ziehen mä=ßige Beschattung dem grellen Sonnenlicht vor.

Verlag von **Julius Springer** in Berlin.

Zeitschrift
für
Forst- und Jagdwesen.
Zugleich
Organ für forstliches Versuchswesen.
Herausgegeben
in Verbindung mit den Lehrern der Forst-Akademie zu Neustadt-Eberswalde,
mehreren Forstmännern und Gelehrten, sowie nach amtlichen Mittheilungen
von
Bernhard Danckelmann,
Königl. Preuß. Oberforstmeister und Direktor der Forst-Akademie zu Neustadt-Eberswalde.

Mit dem
Jahrbuch
der preußischen
Forst- und Jagdgesetzgebung und Verwaltung.
Herausgegeben
von
Bernhard Danckelmann,
Königl. Preuß. Oberforstmeister und Direktor der Forst-Akademie zu Neustadt-Eberswalde.

Im Anschluß an das Jahrbuch im Forst- und Jagdkalender für Preußen
I. bis XVII. Jahrgang (1851 bis 1867)
redigirt von
F. W. Schneider,
Professor der Mathematik an der Königl. Preuß. Forst-Akademie zu Neustadt-Eberswalde.

Die Zeitschrift erscheint mit dem Jahrbuche in zwanglosen Heften von
7—9 Druckbogen wissenschaftlichen Materials und 3—4 Bogen Jahrbuch;
3—4 Hefte bilden je einen Band der Zeitschrift und des Jahrbuches mit besonderer Paginirung in jedem der beiden Theile.

Die Zeitschrift für Forst- und Jagdwesen hat es sich zur Aufgabe gestellt,
die das Gebiet des Forst- und Jagdwesens berührenden Erscheinungen in der
Literatur vollständig mitzutheilen und einer sachlichen Kritik zu unterziehen,
die Fortschritte der Wissenschaften, welche zum Forstwesen gehören oder in
Beziehung stehen, zu erörtern und zu verbreiten, —
neue Beobachtungen und Erfahrungen, welche die forstliche Praxis liefert,
zu sammeln und zu veröffentlichen, —
forstlich oder jagdlich bemerkenswerthe Thatsachen, Zustände und Begebenheiten aus Vergangenheit und Gegenwart zur öffentlichen Kenntniß zu bringen,
der Verwaltung und Gesetzgebung in ihren Maßregeln und Ergebnissen
zu folgen, —
bewährten Einrichtungen Verbreitung, wünschenswerthen Verbesserungen
Eingang zu verschaffen.

Nach allen diesen Richtungen hin beschränkt sich der Gesichtskreis der Zeitschriften nicht auf die Verhältnisse des Preußischen Staates, sondern sucht auch das Gute und Brauchbare, was außerhalb Preußens geleistet wird und entweder der Forstwissenschaft im Allgemeinen zur Förderung gereicht, oder eine Anwendung auf die vaterländischen Verhältnisse gestattet, zu ermitteln und darzustellen.

Zum Gebrauche für die Preußischen Forstbeamten wird ferner in einem besonderen Theile **eine Zusammenstellung der amtlichen Verordnungen für die preußischen Forsten** gegeben.

Im Anschlusse an die amtlichen Verordnungen wird schließlich eine fortlaufende Uebersicht der Personal-Veränderungen geliefert, welche in dem Verwaltungs-Personale der preußischen Staatsforsten vor sich gehen.

Von der

Zeitschrift für Forst- und Jagdwesen

ist bis jetzt erschienen:

Erster Band (4 Hefte) Preis 3 Thlr. 22½ Sgr.
Zweiter „ (3 Hefte) „ 3 Thlr. 10 Sgr.
Dritter „ (3 Hefte) „ 3 Thlr.
und vom Vierten Bande Heft 1 „ 1 Thlr. 20 Sgr.

Von dem

Jahrbuch
der
Preußischen Forst- und Jagdgesetzgebung und Verwaltung

ist bis jetzt erschienen:

I. Band 1868/1869, 224 Seiten, Preis 1 Thlr. 10 Sgr.
II. „ 1869/1870, 252 „ Preis 1 Thlr. 6 Sgr.
III. „ 1870/1871, 208 „ Preis 1 Thlr.
und vom IV. Bande (1871/1872) Heft 1 Preis 12 Sgr.

Die
forstlichen Verhältnisse Preußens
von
O. von Hagen,
Oberlandforstmeister.

Zweiter unveränderter Abdruck.
Ladenpreis 3 Thlr. 25 Sgr.

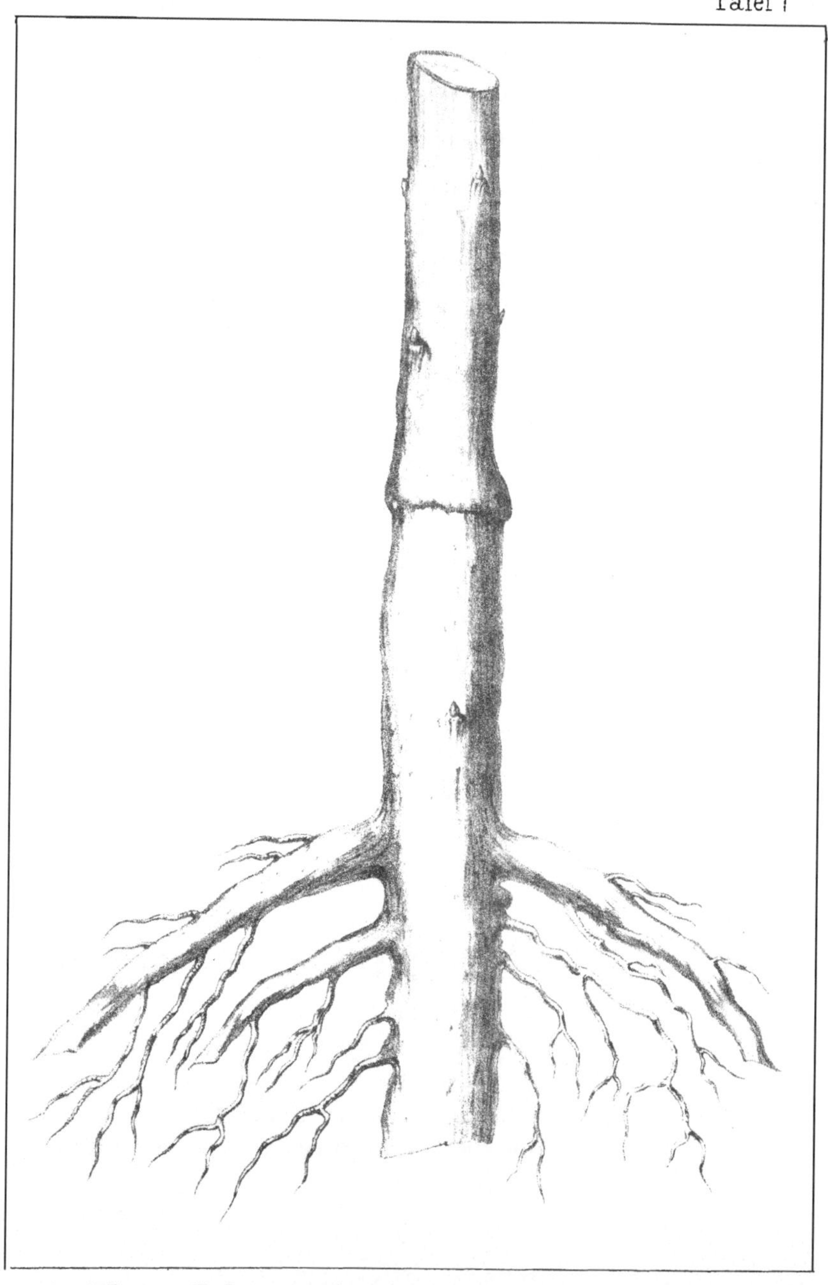

Ihne vierjährige Eiche, eirjährig verschult, zweijährig bei a, zuruck-
geschnitten, die Entstehung des neuen Stammes zweijährig

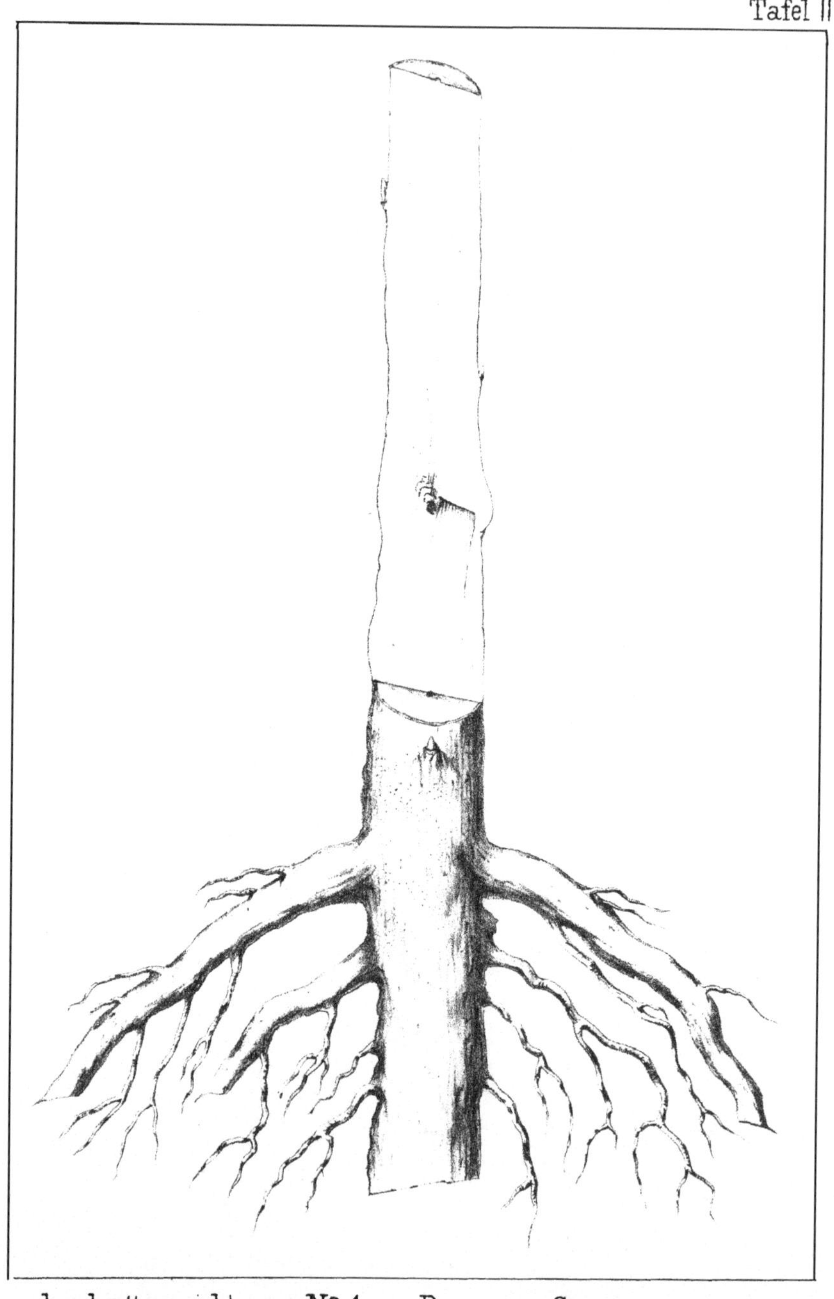

Durchschnittsansicht von N° 1   Der neue Stamm aus einer am obern Abschnittende bei b, seitwarts entstandenen Praeventiv Knospe, hervorgegangen.

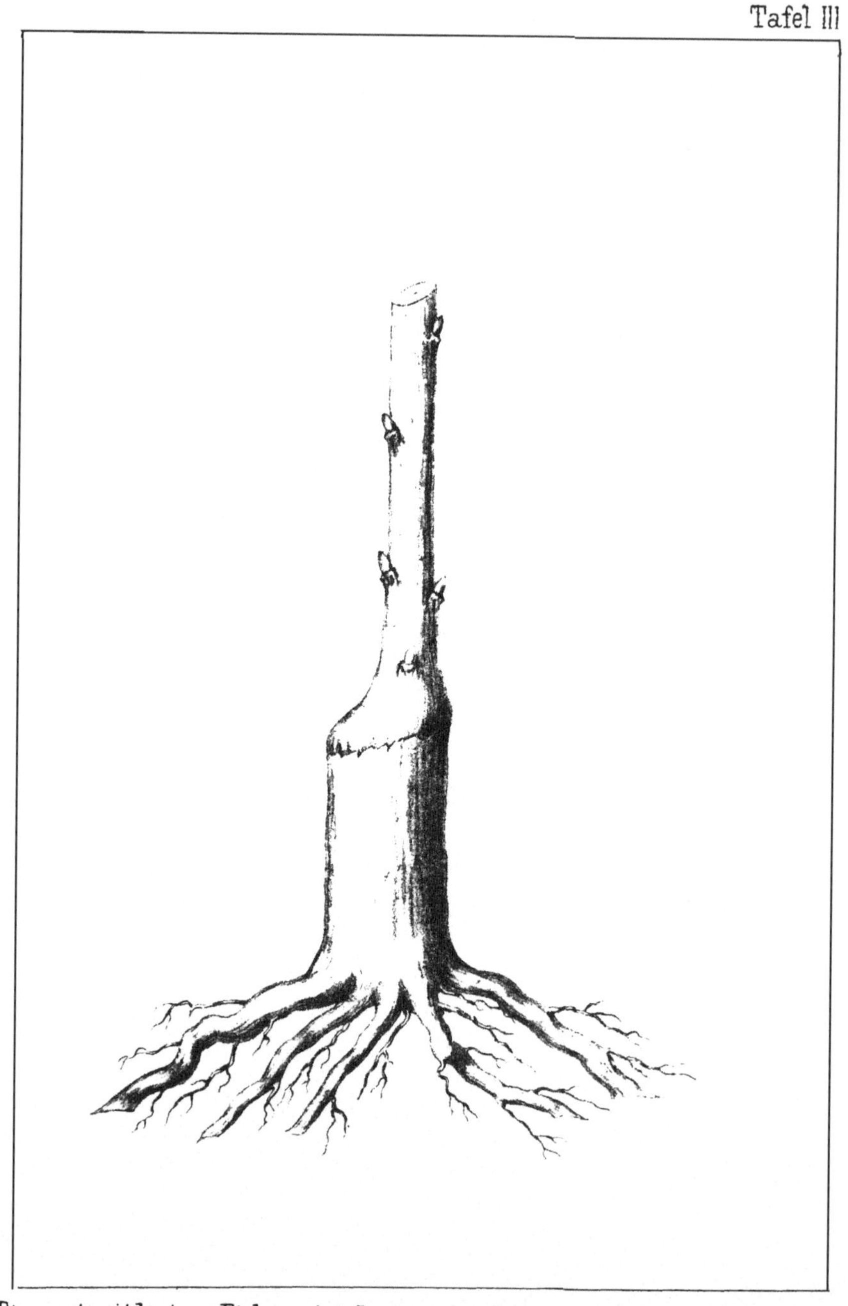

Eine vierjährige Eiche, einjährig, verschult, dreijährig bei a, zurückgeschnitten die Entstehung des neuen Stammes einjährig

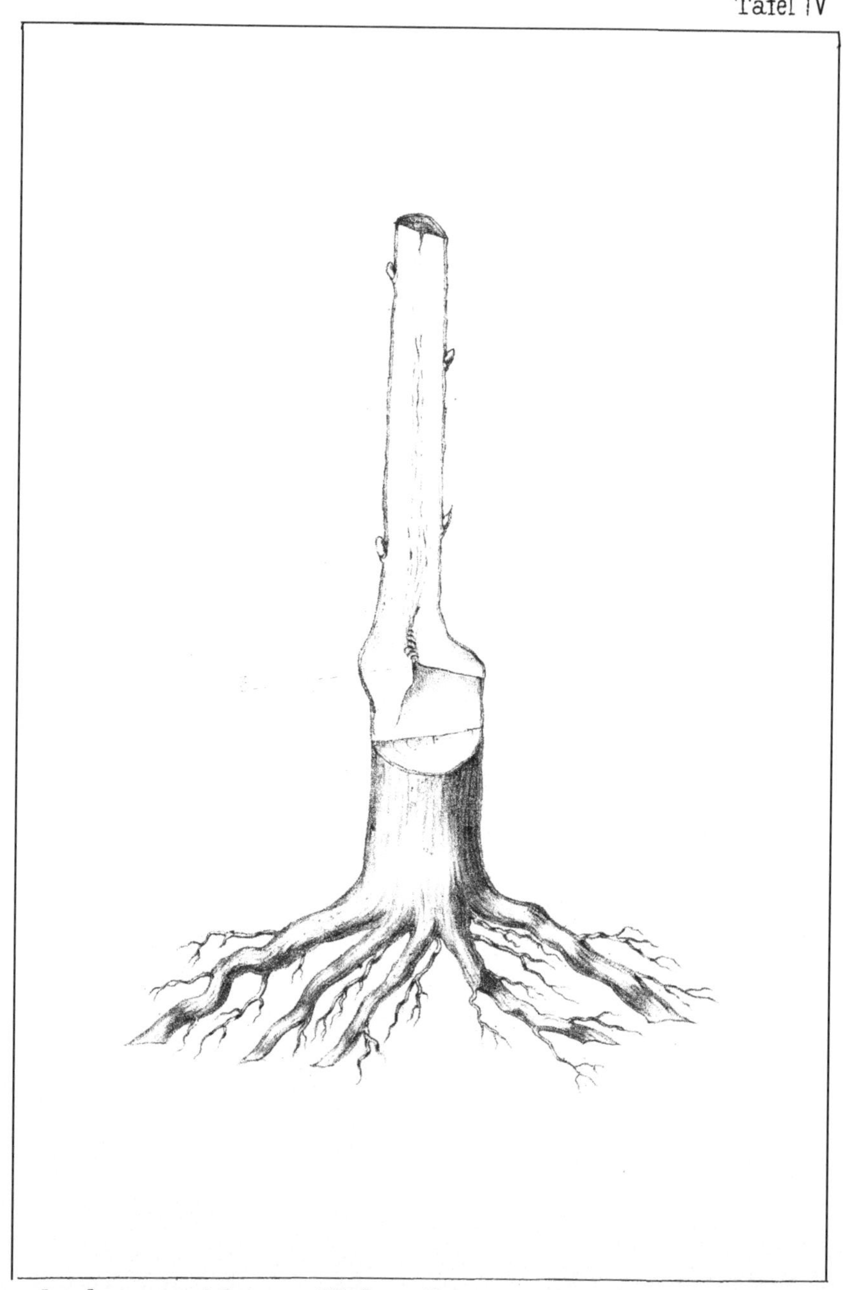

Durchschnittsansicht von N° 2   Der neue Stamm aus einer, auf dem Abschnittende bei b oberhalb entstandenen Adventiv-Knospe, hervorgegangen.

Zeichnung eines zwölffußigen Eichenhochstammes

Durch Striche ist der, im August vor der Pflanzung zum bleiben auszuführende pyramidenförmige Baumschnitt, angegeben Der Deutlichkeit wegen wurde die Zeichnung in unbelaubten
Zustande ausgeführt

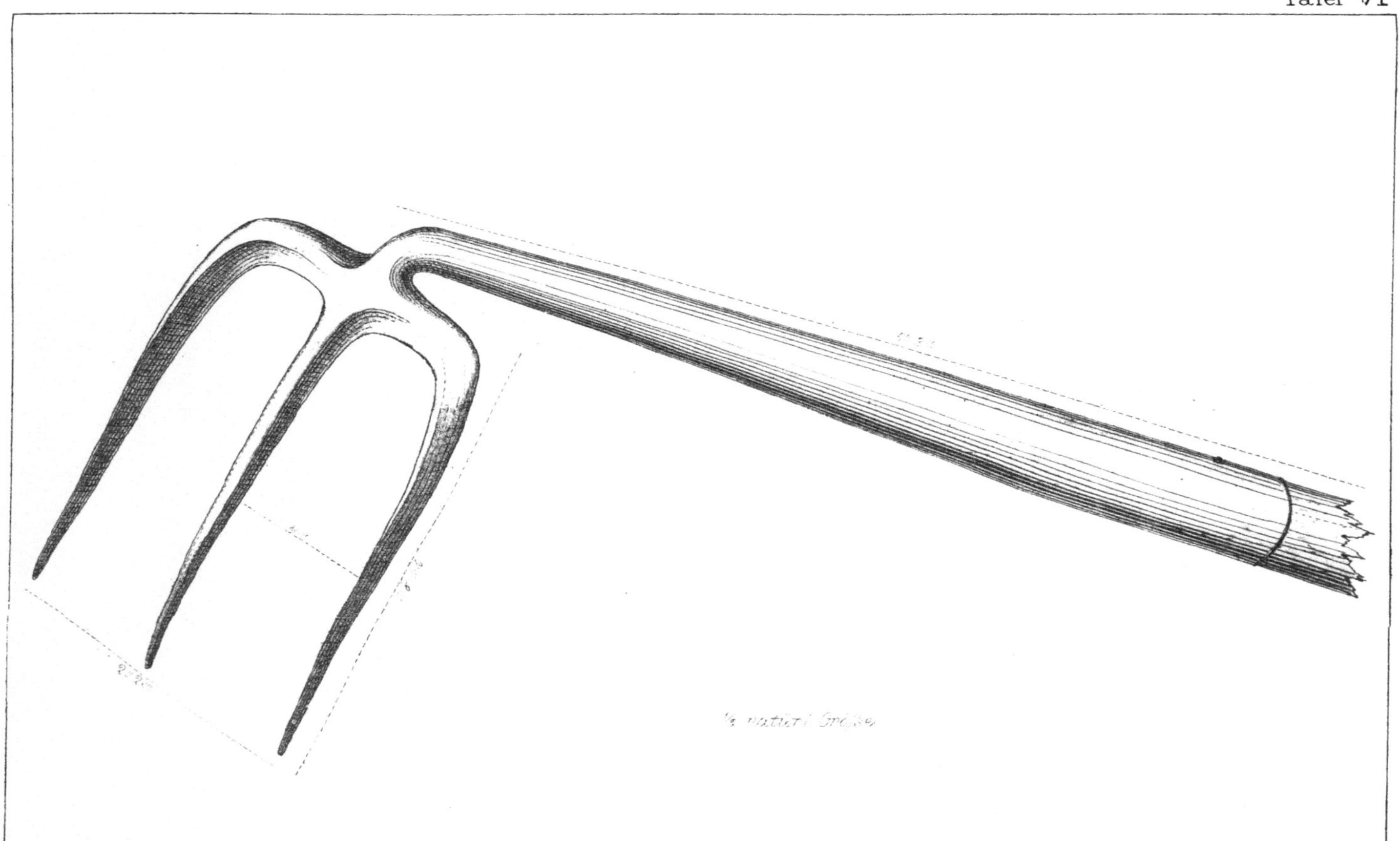

Hacke zum Lockern und Reinigen

Die Zinken stehen gegen den Stiel im rechten Winkel und sind vierkantig